FORSCHUNGSBERICHTE DES LANDES NORDRHEIN-WESTFALEN

Nr. 2433

Herausgegeben im Auftrage des Ministerpräsidenten Heinz Kühn
vom Minister für Wissenschaft und Forschung Johannes Rau

Prof. Dr.-Ing. Dres. h. c. Herwart Opitz
Dipl.-Ing. B. Wienands

Laboratorium für Werkzeugmaschinen und Betriebslehre
der Rhein.-Westf. Techn. Hochschule Aachen

Untersuchungen über bandagierte Zahnräder

Springer Fachmedien Wiesbaden GmbH 1974

Ursprünglich erschienen bei Westdeutscher Verlag 1974

ISBN 978-3-531-02433-2 ISBN 978-3-322-88283-7 (eBook)
DOI 10.1007/978-3-322-88283-7

INHALT

FORMELZEICHEN

		Einheit
A	Konstante	$\frac{1}{h}$
a	Konstante	
α	Wärmeausdehnungskoeffizient	$\frac{m}{m \ grad}$
d_F	Fügeflächendurchmesser	mm
E	Elastizitätsmodul	$\frac{kp}{mm^2}$
ε	bezogene Dehnung	
e	Flächenelement	mm^2
F	Bandagenquerschnittsfläche	mm^2
F_F	Fügefläche	mm^2
f_{SP}	spezifischer Belastungsfaktor	
h_z	Zahnhöhe	mm
M	Konstante	
M	Moment	kpm
ν	Haftbeiwert	
N	Konstante	
μ	Reibungskoeffizient	
P	Kraft	kp
P_{ax}	axiale Abdrückkraft	kp
P_{Uzul}	zulässige Umfangskraft	kp
p_F	Fügeflächenpressung	$\frac{kp}{mm^2}$

		Einheit
p_{mittel}	mittlere Flächenpressung	kp/mm^2
R_a	Mittenrauhwert	μm
R_e	Reibungskraft	kp
s	Dicke einer verzahnten Bandage	mm
s_v	Dicke eines Ersatzringes	mm
σ	Zugspannung	kp/mm^2
σ_{max}	maximale Zugspannung	kp/mm^2
σ_{ta}	Tangentialspannung	kp/mm^2
σ_{tm}	mittlere Tangentialspannung	kp/mm^2
σ_{zus}	Zusatzspannung	kp/mm^2
t	Zeit	s
$t_{\sigma_o \div \sigma}$	Zeit für die Spannungsänderung von σ_o auf σ	s
v_P	Verschiebung am Kraftangriffspunkt	μm

1. EINLEITUNG

In der Praxis werden Zahnräder mit einem Durchmesser von mehr als 600 mm häufig als Bandagenräder ausgeführt. Dabei wird ein Radkranz, der die Verzahnung trägt, auf einen Radkörper aufgeschrumpft. Dieses Verfahren wird in erster Linie aus wirtschaftlichen Gründen angewandt, weil der hochbeanspruchte Radkranz aus teurem Werkstoff, der Radkörper dagegen aus unlegiertem Material hergestellt werden kann. Eine solche reibschlüssige Verbindung nennt man allgemein Querpreßpassung. Je nach Art ihrer Entstehung unterscheidet man dabei zwischen einer Dehnpassung, wenn das Innenteil vor dem Fügen unterkühlt und einer Schrumpfpassung, wenn das Außenteil erwärmt wird.

2. BETRIEBSSICHERHEIT VON ZAHNRADBANDAGEN

2.1 Berechnungsgrundlagen

Ein bandagiertes Zahnrad unterscheidet sich von einem massiven Zahnrad gleicher Abmessungen u. a. dadurch, daß in der Bandage aufgrund der Schrumpfdehnung eine hohe Tangentialspannung vorliegt und die Bandage sich auf dem Radkörper bewegen kann, wenn die Umfangskraft den zulässigen Wert übersteigt.
Die Auslegung einer Bandage war bisher noch mit zahlreichen Unsicherheiten behaftet, da wesentliche Einflußfaktoren und Zusammenhänge nicht genügend untersucht waren. Aus diesem Grund wurde mit sehr verschiedenen Sicherheitsfaktoren gerechnet, die nicht selten 20÷40fache Sicherheit vortäuschten. Grundlage der durchgeführten Berechnungen sind z. T. auch heute noch die For-

meln von C. Bach [1] . Mit ihnen kann der Zusammenhang zwischen Fügeflächenpressung, Übermaß und den Spannungen in den durch Schrumpfung verbundenen Teilen angegeben werden, wenn die Bauteile glattwandig und zylindrisch und alle Verformungen rein elastisch sind.

Dabei ist aber zu beachten, daß die errechnete Festigkeit einer Schrumpfverbindung nur dann voll ausgenutzt werden kann, wenn die äußeren Kräfte eine gleichmäßige Schubspannung in der Fügefläche hervorrufen. Diese Bedingung ist um so weniger erfüllt, je mehr sich die angreifenden Kräfte auf eine Stelle konzentrieren und je geringer die Steifigkeit der durch Schrumpfung verbundenen Teile ist.

Darüber hinaus müssen alle Verformungen rein elastisch sein. Plastische Verformungen führen zu völlig anderen Spannungsverläufen, als die Theorie vorgibt [2, 3]

Auch die DIN-Norm 7190 gründet sich auf die Formeln von Bach und setzt die Erfüllung der bekannten Bedingungen voraus. Auf Zahnradbandagen angewendet ergibt sie zwar brauchbare Werte über die mittlere Spannung in der Bandage und die spezifische Flächenpressung, über die tatsächliche Betriebssicherheit kann sie jedoch keine Aussagen machen, ebensowenig über die maximalen Spannungen in einer Bandage.

2.2 Einflüsse auf die Betriebssicherheit von Zahnradbandagen

In Abb. 1 sind die Einflußgrößen aufgeführt, deren Wirkung man kennen muß, um die Sicherheit einer Bandage als Maschinenelement beurteilen zu können. Diese setzt sich zusammen aus der Sicherheit gegen Mikrowandern, d.h. auch Betriebsstöße dürfen die Bandage an keiner Stelle gegenüber dem Radkörper verschieben können, und aus der Sicherheit gegen Bruch, d.h. die durch Schrumpfung verbundenen Teile müssen so ausgelegt sein, daß während des Betriebes an keiner Stelle die Streckgrenze der verwendeten Werkstoffe überschritten wird. Aufgrund ihrer relativ geringen Steifigkeit ist eine Bandage besonders gefährdet, von der punktförmig angreifenden Umfangskraft am Kraftangriffspunkt gegenüber dem Radkörper verschoben zu werden. Deshalb ist es sehr wichtig, zu wissen, wie sich die Spannungen in einer Bandage aufbauen und unter welchen Bedingungen eine Verschiebung stattfindet.

3. SICHERHEIT GEGEN MIKROWANDERN

3.1 Spannungsverteilung in einer Bandage

Da eine Bandage nur eine relativ geringe Steifigkeit besitzt, wenn sie in tangentialer Richtung auf Zug/Druck oder in axialer Richtung auf Biegung belastet wird, kann sie u. U. von der angreifenden Umfangskraft örtlich gegenüber dem Radkörper verschoben werden. Die Größe der beeinflußten Zone, in der diese Verschiebungen auftreten und die Spannungen in der Bandage hängen u. a. ab von der Steifigkeit der Bandage, der spezifischen Fügeflächenpressung p_F, dem Haftbeiwert ν und nicht zuletzt von der tangentialen Steifigkeit des Radkörpers.
Zur Ermittlung des Einflusses, den diese einzelnen Größen auf die Sicherheit gegen Mikrowandern besitzen, mußte zunächst der Zusammenhang zwischen der Fügeflächenpressung und der Aufweitung einer verzahnten Bandage, d.h. ihrer tangentialen Steifigkeit, geklärt werden.

3.1.1 Tangentiale Steifigkeit verzahnter Bandagen

Zur Berechnung der Belastbarkeit einer Schrumpfverbindung nach den von Bach [1] angegebenen Gleichungen müssen die Innen- und Außendurchmesser des aufgeschrumpften Ringes bekannt sein. Der Innendurchmesser einer Bandage ist eindeutig festgelegt, der maßgebliche Außendurchmesser dagegen konnte bisher nicht mit Sicherheit angegeben werden.
Um zu untersuchen, welchen Einfluß das Verzahnen auf die tangentiale Steifigkeit von Bandagen besitzt, wurden Schrumpfverbindungen unter Verwendung unterschiedlich dicker Bandagen hergestellt.

Durch Vergleich der geometrischen Abmessungen und axialen Abdrückkräfte vor und nach dem Verzahnen und den Spannungsänderungen während des Verzahnens wurde ermittelt, wie sich die Fügeflächenpressung der Schrumpfverbindungen geändert hatte.
Abb. 2 kann entnommen werden, in welchem Maße die vor dem Verzahnen in der Fügefläche vorhandene Pressung infolge der eingeschnittenen Zahnlücken absinkt. Erwartungsgemäß ist der Einfluß des Verzahnens bei einer dicken Bandage ($h_z/s = 0,5$) geringer als bei einer dünnen Bandage ($h_z/s = 0,9$), deren Steifigkeitsminderung zu einem Abfall der Flächenpressung auf 70% ihres Ausgangswertes führte.

Aus diesen Werten läßt sich die Dicke eines unverzahnten Ringes (Ersatzring) ermitteln, der die gleiche Steifigkeit wie die verzahnte Bandage besitzt.
In Abb. 3 ist der Quotient Dicke des Ersatzringes/Dicke der verzahnten Bandage s_v/s über dem Quotienten h_z/s (h_z = Zahnhöhe) aufgetragen. Die untere Kurve ist nach Correns [4] berechnet, die obere aus den Versuchsergebnissen ermittelt. Die maximale Abweichung der Kurven beträgt im Bereich dünner Bandagen ($h_z/s \approx 1$) etwa 6%, für Bandagen mit in der Praxis üblichen Abmessungen ($h_z/s = 0,4$

÷ 0, 5) liegt eine nahezu völlige Übereinstimmung vor. Die Frage, welchen Einfluß das Verzahnen auf die Festigkeit einer Bandage besitzt, kann deshalb als beantwortet angesehen werden.
Für den Konstrukteur bedeutet dies, daß er mit mehr Sicherheit als bisher eine Schrumpfverbindung auslegen kann.

3.1.2 Tangentiale Verschiebbarkeit einer Bandage

Die exakte Ermittlung der Flächenpressung ermöglicht zwar, sehr genau die Kraft anzugeben, die erforderlich ist, um eine Bandage axial auf dem Radkörper zu verschieben, aber diese Kraft ist kein Maß für die tatsächliche Sicherheit gegen Rutschen in tangentialer Richtung. Es ist nämlich sehr viel leichter, eine Bandage durch eine Umfangskraft in einem u. U. nur sehr kleinen Bereich zu verschieben, als die ganze Bandage axial auf dem Radkörper zu bewegen.

Zur Frage der tangentialen Verschiebbarkeit ist in Abb. 4 ein Modell dargestellt, das zum besseren Verständnis der Zusammenhänge die Bandage abgewickelt als Stab zeigt, der mit der Flächenpressung p_F auf seine Unterlage gedrückt wird. Läßt man an diesem Stab zentral eine Kraft P angreifen, so führt diese mit der Hälfte ihres Betrages auf der einen Seite zu einer Erhöhung der Zugkraft in der Bandage (Zugseite), auf der anderen zu einer entsprechenden Minderung (Druckseite). Die Vorspannkraft in dem Stab ist hier nicht eingezeichnet, da sie nur das Kraftniveau, nicht aber den Einfluß der Kraft verändert. Die Flächenpressung verursacht für jedes Flächenelement e eine Reibkraft von der Größe $R_e = e \cdot p_F \cdot \mu$, durch welche die Tangentialkraft kontinuierlich auf Null abgebaut wird, wie in Abb. 4 dargestellt ist.

Die durch die Kraft P verursachte maximale Spannung beträgt $\sigma_{max} = \frac{P/2}{F}$, so daß sich für die Verschiebung v_p am Kraftangriffspunkt die im Bild wiedergegebene Gleichung ergibt. Die zweite Formel zeigt, daß nur die Reibung in der Fügefläche der wirksamen Kraft P/2 das Gleichgewicht halten kann. Da sowohl die Länge der beeinflußten Zone wie auch die maximale Spannung direkt proportional der Kraft P ist, ergibt sich daraus zwangsläufig ein quadratischer Zusammenhang zwischen der Verschiebung v_p am Kraftangriffspunkt und der Kraft P, wie mit der letzten Gleichung gezeigt wird.

Dieses Ergebnis, das von Correns auf anderem Wege gefunden wurde, stellt aber aus folgenden Gründen nur eine Näherung dar:

- Die Kraft wird als zentral angreifend gedacht; das infolge des realen Kraftangriffs am Zahn entstehende Moment wird nicht berücksichtigt.
- Die Radialkomponente der Zahnnormalkraft wird nicht berücksichtigt.
- Es wird vernachlässigt, daß die Kraft in einem bestimmten Abstand von der Fügefläche angreift und sich in dem dazwischen befindlichen Material auf einen bestimmten Bereich der Fügefläche verteilt.
- Die Kraft wird als punktförmig angreifend gedacht, obwohl durch die Einleitung über einen oder zwei Zähne die im vorigen Punkt beschriebene Ausbreitung der Kraft noch verstärkt wird.
- Die Steifigkeit des Radkörpers bleibt unberücksichtigt.

Aufgrund dieser Vereinfachungen waren z. T. erhebliche Abweichungen zwischen rechnerisch und experimentell ermittelten Werten zu erwarten. Deshalb wurden zunächst Spannungsmessungen durchgeführt, um eine Aussage über die Größe der beeinflußten Zone machen zu können.

3.1.3 Spannungsuntersuchungen

Die u.a. für diese Untersuchungen konstruierte Vorrichtung ist in Abb. 5 gezeigt. Die Funktionsweise ist in Abb. 6 vereinfacht dargestellt. Das Moment wird über ein Ritzel auf die Bandage übertragen. Die Bandage selbst ist nicht auf einen festen Radkörper aufgeschrumpft, sondern liegt um einen sogenannten Radkörperring, der hydraulisch aufgeweitet werden kann. Nach der Aufweitung wird er axial geklemmt, so daß er sich unter der Umfangskraft, die auf die Bandage wirkt, nicht verschieben kann. Diese Art der Erzeugung der Schrumpfspannung in einer Bandage hat gegenüber der Verwendung eines festen Radkörpers die Vorteile, daß die Schrumpfverbindung beliebig häufig wieder gelöst werden kann und die Schrumpfspannung stufenlos variierbar ist.

Die Einstellung des gewünschten Übermaßes wird über Dehnmeßstreifen und Trägerfrequenzmeßverstärker kontrolliert. Zu diesem Zweck wird die fertigbearbeitete Bandage zuerst in einem Ölbad erwärmt und auf einen Eichradkörper aufgeschrumpft. Anschließend wird ein Dehnmeßstreifen zur Messung von Tangentialspannungen auf die Stirnseite der Bandage möglichst nahe an die Fügefläche geklebt. An einem geeichten Trägerfrequenzmeßverstärker kann man nach dem axialen Abdrücken der Bandage von ihrem Eichradkörper die durch das vorherige Aufschrumpfen entstandene Tangentialspannung ablesen und diese Spannung dem wirksamen Übermaß zuordnen. Wird die Bandage anschließend auf der hydraulischen Vorrichtung wieder aufgeweitet, so kann man entsprechend der Anzeige auf dem Trägerfrequenzmeßverstärker jedes Übermaß durch Variieren des hydraulischen Druckes einstellen. Mit der Vorrichtung ist es möglich zu untersuchen, wie sich die Einflußzone der Umfangskraft bei verschiedenen Übermaßen und damit verschiedenen spezifischen Pressungen in der Fügefläche - in Abhängigkeit von der Umfangskraft - ausbreitet. Diese Versuche wurden an Bandagen verschiedener Dicke durchgeführt.

Abb. 7 zeigt die Spannungsverteilung in einer Bandage bei einem spezifischen Fügeflächendruck von $p_F = 0,72$ kp/mm^2 und einer daraus resultierenden mittleren Spannung von $\sigma_{tm} = 8,5$ kp/mm^2, aufgetragen über dem abgewickelten Umfang der Bandage. Zum axialen Abdrücken dieser Bandage vom Radkörper wäre eine Kraft von $P_{ax} = 900$ kp erforderlich gewesen. Schon bei einer Tangentialkraft, die gerade 10% dieser Axialkraft ausmacht, erfolgt bereits eine deutliche Beeinflussung des Spannungsverlaufs. Auffallend ist die Tatsache, daß entgegen der allerdings von vereinfachenden Tatsachen ausgehende Theorie der Spannungsabfall auf der Druckseite größer ist als die Spannungserhöhung auf der Zugseite.

In Abb. 8 sind für die Umfangskraft von 600 kp der gemessene und zwei errechnete Kurvenverläufe eingezeichnet. Die dick ausgezogene Kurve gilt für eine Berechnung nach Correns für aufgeschrumpfte Ringe und die gestrichelte Linie für die abgewickelte Bandage auf einer ebenen Unterlage (entsprechend Abb. 4). Die Ausbreitung der beeinflußten Zone ist bei allen drei Kurven etwa gleich groß. Die Abweichungen in der Größe der Spannungsänderung sind u. U. auf das elastische Verhalten des Radkörpers zurückzuführen. Der stärkere Einfluß der Umfangskraft auf der Druckseite wurde bei Verschiebungsmessungen unter Verwendung von Massivradkörpern bestätigt, wie in einem späteren Abschnitt noch gezeigt wird.

Die in Abb. 7 dargestellten Spannungsverläufe bestätigen außerdem sehr gut den linearen Zusammenhang zwischen der Umfangskraft und den Spannungsänderungen an den einzelnen Meßstellen. Auch die Ausbreitung der beeinflußten Zone erfolgt für größere Kräfte entsprechend der Theorie proportional der Kraft. Weiterhin bestätigt die Messung mit guter Genauigkeit die Überlegung, daß die Differenz der maximalen und minimalen Spannung mit der Querschnittsfläche der Bandage multipliziert die jeweilige Umfangskraft ergibt. Aufgrund der Ergebnisse konnte zwischen den Messungen und den entsprechenden theoretischen Überlegungen im wesentlichen eine Übereinstimmung festgestellt werden. Die ermittelten Unterschiede sind darauf zurückzuführen, daß bei den theoretischen Modellen die Radkörper bzw. ebenen Unterlagen als unendlich steif angenommen werden.

3.2 Mikrowandern

Ein bandagiertes Zahnrad kann außer durch Zahn- und Bandagenbruch auch durch Wandern des aufgeschrumpften Zahnkranzes auf dem Radkörper unbrauchbar werden. Dieses durch die punktförmig angreifende Umfangskraft bewirkte geringe, aber stetige Verschieben der Bandage nennt man Mikrowandern. Hat die Umfangskraft noch eine Axialkomponente, wie zum Beispiel bei Schrägverzahnung, so kann das Mikrowandern unter Umständen sogar ein Abfallen der Bandage vom Radkörper bewirken. In der Praxis wird deshalb häufig so verfahren, daß man durch axiale oder radiale Verstiftung oder Verschraubung die Bandage zusätzlich sichert. Jede Art der Sicherung stellt aber eine Störstelle im Kraftfluß dar, führt zu einer Schwächung der Bandage und zur Bildung von Spannungsspitzen. Ist eine Bandage so ausgelegt, daß es ohnehin nicht zum Wandern kommt, sind solche Sicherungen überflüssig.

3.2.1 Verschiebungsmessung

Nach der Theorie breitet sich die beeinflußte Zone - der Bereich also, in dem Verschiebungen auftreten - proportional der Umfangskraft aus, während die Größe der Verschiebungen mit dem Quadrat von Umfangslast/Bandagenbreite wächst, wie in Abb. 4 formelmäßig aufgeführt ist. Auf der Belastungsvorrichtung (siehe Abb. 5) wurden deshalb Messungen durchgeführt, um zu zeigen, wie weit diese Überlegungen mit den tatsächlichen Verhältnissen übereinstimmen, und ob der bei den Spannungsmessungen beobachtete Einfluß der Radkörperverformungen sich auch in einer Beeinflussung der Verschiebungen bemerkbar macht. Darüber hinaus sollte festgestellt werden, bei welcher Umfangskraft die erste Verschiebung der Bandage gegenüber dem Radkörper auftritt, denn diese Kraft ist maßgebend für das maximal übertragbare Drehmoment einer Schrumpfverbindung, wenn kein Mikrowandern auftreten soll.

Die Verschiebungen wurden mit Hilfe eines induktiven Wegaufnehmers gemessen, der auf dem Radkörper befestigt war (Abb. 9). Dabei stützt sich die Tastspitze gegen eine auf der Bandage aufgeklebte Platte ab. Verwendet wurde die gleiche Bandage wie für die Spannungsuntersuchungen.

Der Fügeflächendruck betrug $p_F = 1,44\ kp/mm^2$. Wie schon bei den Spannungsmessungen festgestellt werden konnte, ist auch hier die Beeinflussung auf der Druckseite größer als auf der Zugseite. Messungen, die vergleichsweise an einem den Bandagendaten entsprechenden Massivrad durchgeführt wurden, zeigten für den Meßaufbau entsprechend Abb. 9 ebenfalls auf der Druckseite sehr viel größere Verformungen als auf der Zugseite. Die von der Theorie - sie geht von unendlich steifen Radkörpern aus - abweichenden Meßergebnisse

sind also , wie bereits vermutet, auf Radkörperverformungen zurückzuführen.
Daraus wird deutlich, daß bei allen Überlegungen hinsichtlich der Betriebssicherheit von Zahnradbandagen der Radkörper selbst eine nicht zu vernachlässigende Rolle spielt.

Die an einem bestimmten Meßpunkt ermittelten Verschiebungen zwischen Bandage und Radkörper sind in Abb. 10 über der Umfangskraft aufgetragen, ebenso die Restverschiebungen, die zurückbleiben, wenn die Umfangskraft wieder zu Null geworden ist. Für das Massivrad ergeben die Verformungen unter Last eine Gerade; Restverformungen treten nicht auf.

Unter der Annahme, daß ein bandagiertes Rad sich ungefähr wie ein massives Rad verhält, solange die Bandage nicht verrutscht, kann man also erwarten, daß an der gleichen Meßstelle für beide Räder die gleichen Verformungen gemessen werden. Oberhalb einer bestimmten Umfangskraft aber treten an der Bandage Verschiebungen auf, die sich zu den Verformungen addieren und dadurch zu einem verstärkten Anstieg der Meßwerte führen.
Diese Annahmen werden durch die Versuchsergebnisse bestätigt. Vergleicht man die beiden Kurvenverläufe, so erkennt man im unteren Belastungsbereich eine gute Übereinstimmung. Oberhalb einer Umfangskraft von 350 kp tritt neben der elastischen Verformung eine Verschiebung der Bandage gegenüber dem Radkörper und damit eine Restverschiebung auf.
Trägt man über der Kraft die Ausbreitung der beeinflußten Zone auf, so erhält man den in Abb. 11 dargestellten Verlauf. In der Bildmitte verläuft horizontal die 0°-Linie, die den Kraftangriffspunkt auf dem Umfang der Bandage kennzeichnet, wie in der Skizze rechts im Bild gezeigt ist. Es sind nur die aus jeweils zehn Versuchen ermittelten

maximalen und minimalen Kräfte eingetragen, die an der jeweiligen Meßstelle die erste Restverschiebung verursachten. Damit gibt die linke Kurve eines jeden Streubandes mit relativ großer Sicherheit jeweils die Kraft an, die an der entsprechenden Stelle auf dem Umfang gerade noch keine Verschiebung hervorruft.

Die positiven Winkelgrade kennzeichnen die beeinflußte Zone im Zugbereich der Umfangskraft, die negativen die Ausbreitung im Druckbereich. Vergleichsweise dazu eingetragen ist die nach dem Modell der abgewickelten Bandage unter Verwendung eines Haftbeiwertes $\mu = 0,135$ errechnete Kurve, die bei höheren Umfangskräften recht gut mit den Messungen übereinstimmt. In einem wesentlichen Punkt aber weichen die Kurvenverläufe stark voneinander ab. Während nach der Theorie bereits eine beliebig kleine Kraft eine Verschiebung der Bandage hervorruft, zeigen die Versuchsergebnisse, daß dazu eine ganz bestimmte Mindestkraft erforderlich ist, deren Größe von den spezifischen Eigenschaften der Schrumpfverbindung abhängt.

In Abb. 12 sind für drei verschiedene Bandagen vergleichsweise die Ausbreitungen der Einflußzonen über der Kraft aufgetragen, und zwar jeweils die linken Begrenzungslinien des Streubereiches. Die linke Kurve ist dem in Abb. 11 gezeigten Streuband entnommen, die beiden anderen gelten für dickere Bandagen. Da in die einfache Berechnung der Ausdehnung der beeinflußten Zone die Dicke der Bandage nicht eingeht, zeigen die beiden rechten Kurven aufgrund des nur geringen Unterschiedes in der Flächenpressung für größere Kräfte einen fast gleichen Verlauf. Im Bereich kleiner Kräfte muß sich ein deutlicher Unterschied im Kurvenverlauf abzeichnen, da mit wachsender Bandagendicke auch die Kraft ansteigen muß, die gerade noch keine Verschiebung der Bandage erzeugt. Dieser Einfluß ist an den beiden rechten Kurven zu erkennen, bei denen die

Flächenpressungen nur einen geringen Unterschied aufwiesen. Bei der linken Kurve war die Flächenpressung erheblich kleiner, wie den Daten rechts im Diagramm zu entnehmen ist.

Bei der dünnsten Bandage betrug das Verhältnis $s_v/d_F = 0{,}043$, die maximal zulässige Tangentialkraft 6% der axialen Abdrückkraft. Bei der mittleren Bandage betrugen die entsprechenden Zahlen 0,052 und ebenfalls 6%, bei der dicksten Bandage 0,060 und 7,5%.
Da sowohl die zulässige Tangentialkraft als auch die axiale Abdrückkraft P_{ax} aufgrund der bereits dargestellten theoretischen Überlegungen sich proportional zur spezifischen Flächenpressung ändern, bleibt für eine bestimmte Bandage das Verhältnis beider Kräfte bei Verwendung gleicher Radkörpertypen, d.h. es handelt sich um einen spezifischen Bandagenwert. Aus diesem Grund wurde der spezifische Belastungsfaktor f_{sp} definiert, der mit der axialen Abdrückkraft multipliziert die Größe der maximal zulässigen tangentialen Belastung ergibt:

$$P_{U\,zul} = P_{ax} \cdot f_{sp}$$

Für Bandagen mit üblichen Abmessungen liegt der Belastungsfaktor etwa zwischen 0,05 ÷ 0,1. Er ist abhängig von den Größen

- Dicke der Bandage
- Verzahnungsgeometrie
- Haftbeiwert
- Konstruktion des Radkörpers
- Elastizitätsmodul von Bandage und Radkörper

3.2.2 Einfluß des Gasnitrierens auf die Festigkeit einer Schrumpfverbindung

Häufig wird die Verzahnung einer Bandage erst nach dem Aufschrumpfen gefertigt bzw. fertig bearbeitet. Soll nun durch Gasnitrieren die Tragfähigkeit dieser Verzahnung erhöht werden, so werden die Bandagen in aufgeschrumpftem Zustand in den Nitrierofen eingebracht. Bei einer Nitriertemperatur von ca. 500 ^{o}C und Tangentialspannungen zwischen 10 ÷ 20 kp/mm^2 in der aufgeschrumpften Bandage werden jedoch Fließvorgänge stattfinden, die zu einer bleibenden Dehnung des Materials führen.
Mit diesem Vorgang ist eine entsprechende Schwächung der Schrumpfverbindung verbunden.
Es wurde deshalb untersucht, welchen Einfluß die für Zahnräder am häufigsten angewandte Nitrierbehandlung mit einer Gastemperatur von 500 ^{o}C und einer Dauer von 84 Stunden auf die Belastbarkeit unterschiedlicher Schrumpfverbindungen hat. Zu diesem Zweck wurden Bandagen gleicher geometrischer Abmessungen teils in losem, teils in aufgeschrumpftem Zustand nitriert, wobei in den aufgeschrumpften Bandagen unterschiedliche Schrumpfspannungen vorlagen. Durch einen Vergleich der Änderungen in der Bandagengeometrie ließ sich ermitteln, wie sich die Tangentialspannungen in den aufgeschrumpften Bandagen geändert hatten.

In Abb. 13 sind die Versuchsergebnisse dargestellt. Die vor dem Nitrieren vorliegende Tangentialspannung - im folgenden mit Ausgangsspannung bezeichnet - ist gleich 100 % gesetzt. Die Größe der nach dem Nitrieren noch vorhandenen Restspannung ist über der Ausgangsspannung aufgetragen. Den prozentual stärksten Spannungsabfall hat erwartungsgemäß die Bandage mit der höchsten Ausgangsspannung erfahren und zwar um 47%. Selbst in der Bandage mit der kleinsten Aus-

gangsspannung fiel die Spannung noch um 32 %.
Neben der Kriechneigung, die für einzelne Werkstoffe z. T. sehr unterschiedlich ist, und der Ausgangsspannung beeinflussen die Elastizitätsmoduln sowie die Differenz der Wärmeausdehnungskoeffizienten von Bandage und Radkörper die bleibende Dehnung der Bandagen.
Um dem Konstrukteur die Möglichkeit zu geben, den zu erwartenden Spannungsabfall auch für andere Nitrierzeiten zu bestimmen, wurden entsprechende Näherungsformeln entwickelt. Der damit vergleichsweise berechnete Abfall der Tangentialspannung ergibt die in das Diagramm eingezeichnete Kurve, wobei sich eine gute Übereinstimmung zwischen den gerechneten und gemessenen Werten ergibt.

Die Formeln enthalten werkstoffabhängige Kenngrößen, die nur durch Kriechversuche bestimmt werden können. Deshalb wurden Zugstäbe mit unterschiedlichen Spannungen beaufschlagt und ihr Kriechverhalten bei 500°C ermittelt. Abb. 14 zeigt für die einzelnen während des Versuchs konstant gehaltenen Spannungen die Kriechdehnung, aufgetragen über der Versuchsdauer. Die Kurven zeigen, daß auch bei relativ niedrigen Spannungen Kriechvorgänge in den Bandagen nicht unberücksichtigt bleiben können.

Trägt man die an den Zugproben ermittelten Kriechgeschwindigkeiten auf doppelt-logarithmischem Papier über der Zeit auf, so erhält man die in Abb. 15 dargestellten Kurvenverläufe, die sich durch die Gleichung

$$\dot{\varepsilon} = a \cdot t^{-M}$$

beschreiben lassen. Zur Zeit t = 1 ist $\dot{\varepsilon} = a$ und es zeigt sich, daß a eine spannungsabhängige Größe ist. Im rechten Diagramm ist a über der Zugspannung σ aufgetragen und die sich dabei ergebende Gerade entspricht der Gleichung

$$a = A \cdot \sigma^{N}$$

Die Kriechgeschwindigkeit läßt sich dann durch die Gleichung

$$\dot{\varepsilon} = A \cdot \sigma^{N} \cdot t^{-M}$$

beschreiben.

Die Kenngrößen M und N stellen, wie in Abb. 15 dargestellt ist, die Steigungen der Geraden dar; A gibt die Größe von a für $\sigma = 1$ kp/mm^2 an.

Da bei einer Bandage die Tangentialspannung infolge der wärmebedingten Dehnung absinkt, kann man das Hooksche Gesetz zeitabhängig schreiben zu

$$\frac{d\sigma}{dt} = - E \frac{d\varepsilon}{dt}$$

Nach Einsetzen der für $\dot{\varepsilon}$ gefundenen Beziehung in diese Gleichung und entsprechenden Umformungen erhält man für die Zeit, in der die Spannung in einer Bandage von dem Wert σ_o auf σ gesunken ist, die Beziehung

$$t_{\sigma_o \div \sigma} = \left[\frac{1-M}{EA(N-1)} \left(\frac{1}{\sigma^{N-1}} - \frac{1}{\sigma_o^{N-1}} \right) \right]^{\frac{1}{1-M}}$$

E = Elastizitätsmodul

Die Vorgänge, die beim Nitrieren die Spannungen in der Bandage beeinflussen, sind in Abb. 16 schematisch dargestellt.

Da während des Erwärmens auf Nitriertemperatur der Elastizitätsmodul des Stahles absinkt (für 42 Cr Mo 4 von 21.000 auf 16.500 kp/mm^2), sinkt in einer Bandage aus diesem Material die Spannung um den Faktor 0,786 - Vorgang ①.

Einen wesentlichen Einfluß auf das Kriechverhalten einer Bandage bei Nitiertemperatur besitzen die Wärmeausdehnungskoeffizienten der für

Radkörper und Bandage verwendeten Materialien, bzw. Größe und Vorzeichen ihrer Differenz. In diesem Fall wurde angenommen, daß sich die Bandage stärker dehnt als der Radkörper, wodurch die Spannung weiter abfällt - Vorgang ②
Bei 500° C verursacht ein Unterschied der Wärmeausdehnungskoeffizienten von $\Delta\alpha = 0,5 \cdot 10^{-6} \left[\frac{m}{m \cdot grd}\right]$ eine Ausdehnungsdifferenz von 0,25 % des Fügeflächendurchmessers d_F. Da die gebräuchlichen Übermaße der Bandagen in der Größenordnung von 1 % liegen, bedeutete dies eine Veränderung des Übermaßes um 25%. Die hier getrennt dargestellten Vorgänge ① und ② erfolgen in Wirklichkeit natürlich gleichzeitig.

Vorgang ③ zeigt den durch das Kriechen hervorgerufenen Spannungsabfall während des 84-stündigen Nitrierens. Während des Abkühlens wird der wärmebedingte Übermaßverlust rückgängig gemacht - Vorgang ④ - und die Spannung steigt mit dem sich ändernden E-Modul - Vorgang ⑤ - wieder an.

Die Gleichungen, mit denen sich die einzelnen Vorgänge berechnen lassen, sind im folgenden aufgeführt:

1. $$\sigma_{tm\ 500} = \frac{E_{TN}}{E_{RT}} \cdot \sigma_{tm\ RT}$$

2. $$\begin{cases} d_F = d_F \cdot \Delta\alpha \cdot (T_N - RT) \\ \ddot{U}_{TN,\ NA} = \ddot{U}_{RT} - \Delta\ d_F \\ \sigma_o = \sigma_{tm\ TN} \cdot \dfrac{\ddot{U}_{TN,\ NA}}{\ddot{U}_{RT}} \end{cases}$$

3. $$\sigma = \left[\frac{1}{\sigma_o^{N-1}} + \frac{EA\,(N-1)}{1-M} \cdot t_N^{\,1-M} \right]^{\frac{1}{1-N}}$$

4. $$\begin{cases} \ddot{U}_{TN,\,NE} = \dfrac{\sigma}{\sigma_o} \cdot \ddot{U}_{TN,\,NA} \\[2ex] \ddot{U}_{tats.\,Rest} = \ddot{U}_{500\ NE} + \Delta\, d_F \\[2ex] \sigma_{Rest\ 500} = \dfrac{\ddot{U}_{tats.\,Rest}}{\ddot{U}_{500NE}} \cdot \sigma \end{cases}$$

5. $$\sigma_{Rest\ RT} = \frac{21000}{16500} \cdot \sigma_{Rest\ 500}$$

σ_{tmRT} = Ausgangsspannung (= mittlere Tangentialspannung des Vergleichsringes bei RT)

σ_{tmTN} = mittlere Tangentialspannung bei Nitiertemperatur unter Berücksichtigung der Änderung der Elastizitätsmoduln

σ_o = tatsächliche mittl. Tangentialspannung bei 500^oC

σ = tatsächliche Tangentialrestspannung am Ende des Nitrierprozesses bei 500° C (t_N = Nitrierdauer)

σ_{RestTN} = Restspannung unter Berücksichtigung der unterschiedlichen Kontraktion ($\Delta\alpha \neq o$)

σ_{RestRT} = tatsächliche Restspannung in der Bandage bei RT

$\ddot{U}_{RT}$ = Übermaß bei Raumtemperatur

$\ddot{U}_{TN,NA}$ = Übermaß bei T_N

$\ddot{U}_{TN,NE}$ = Restübermaß am Ende des Nitrierprozesses bei Nitriertemperatur

$\ddot{U}_{tats.Rest}$ = tatsächliches Restübermaß bei RT

T_N = Nitriertemperatur

Der vorgestellte Formelaufbau erlaubt es dem Konstrukteur in relativ kurzer Zeit, die durch das Nitrieren an einem bandagierten Zahnrand verursachte Änderung der Tangentialspannung und spezifischen Pressung in der Fügefläche zu ermitteln.
Die beschriebenen Untersuchungen wurden an den folgenden drei auf 80÷90 kp/mm^2 vergüteten Stählen durchgeführt, dabei ergaben sich die entsprechenden Werte für die Konstanten A, M und N.

	A	M	N
30 Cr Mo V 9	$2,2 \cdot 10^{-7}\ \frac{1}{h}$	0,57	1,59
16 Mn Cr 5	$0,085 \cdot 10^{-7}\ \frac{1}{h}$	0,53	2,86
42 Cr Mo 4	$2,88 \cdot 10^{-7}\ \frac{1}{h}$	0,56	2,10

An einem Beispiel sei gezeigt, welche unterschiedlichen Restspannungen rechnerisch ermittelt werden, wenn für eine bestimmte Zahnradauslegung die Bandage jeweils aus einem anderen der drei genannten Materialien hergestellt ist.
Die Ausgangsspannung beträgt in allen drei Fällen σ_{tm} = 20 kp/mm^2, und die Wärmeausdehnungskoeffizienten von Bandage und Radkörper sollen gleich groß sein.

Bei Verwendung einer Bandage aus 30 Cr Mo V 9 beträgt die Restspannung noch 15,5 kp/mm^2, für 16 Mn Cr 5 und 42 Cr Mo 4 lauten die Zahlen 10,0 bzw. 8,0 kp/mm^2.

Das Berechnungsbeispiel zeigt, daß sich 30 Cr Mo V 9 besonders gut zur Herstellung von Bandagen eignet, die nach dem Aufschrumpfen noch gasnitriert werden sollen. Die beiden anderen Materialien werden vorzugsweise dann verwendet, wenn der Radkörper aus Grauguß hergestellt ist oder einem anderen Material, das sich ebenfalls bei Erwärmung weniger ausdehnt als die Bandage.

3.3 Steifigkeit eines Radkörpers

Bei der Berechnung des Grenzmomentes einer Schrumpfverbindung muß auch die radiale Steifigkeit des Radkörpers berücksichtigt werden. Je steifer er konstruiert ist, umso geringer wird seine Radiusänderung unter dem Druck der aufgeschrumpften Bandage. Radkörper werden zur Erzielung einer hohen Steifigkeit bei möglichst geringem Gewicht häufig als Schweißkonstruktion ausgeführt. Eine gebräuchliche Bauweise ist in Abb. 17 gezeigt. Der Radkörper besteht aus einer Nabe, auf der zwei Böden aufgeschweißt sind, und dem Radkörperring, auf den die Bandage aufgeschrumpft wird. Betrachtet man den Radkörperring allein, so läßt sich seine Durchmesseränderung in Abhängigkeit vom spezifischen Außendruck nach den bekannten Gleichungen exakt berechnen. Wird dieser Ring aber durch Böden abgestützt, so war bisher die Steifigkeit der Konstruktion nicht exakt zu erfassen. Um die Formeln von C. Bach zur Berechnung des erforderlichen Übermaßes verwenden zu können, soll ein "Ersatzring" berechnet werden, der die gleiche Steifigkeit wie der Radkörperring mit Böden besitzt. Beide Ringe haben also den gleichen Außendurchmesser, der Ersatzring aber einen kleineren Innendurchmesser.

Zur Vereinfachung der Rechnung werden folgende zwei Annahmen getroffen:

1. Die von den Böden auf den Radkörperring ausgeübte Kraft wird auf der Innenseite des Ringes als gleichmäßig verteilt wirkend angesehen.
2. Die Böden enthalten keine Durchbrüche.

Die Berechnung geht von einem Segment des Radkörperringes aus, wie es in Abb. 18 gezeigt ist. Die angegebene Gleichung stellt die Gleichgewichtsbedingung dar. Dabei bedeuten:

p_F = spezifischer Flächendruck auf der Außenfläche des Radkörperringes (Fügefläche)

p_i = spez. Flächendruck auf der Innenfläche des Radkörperringes
r_F = Außenradius des Radkörperringes
r_B = Innenradius des Radkörperringes
= Außenradius der Böden
a = Gesamtdicke aller Böden
b = Radkörperbreite

Integriert man von 0 bis π und ersetzt p_i durch bekannte Größen, so erhält man die Gleichung

$$\Delta r = \frac{p_F \cdot r_F}{E\left[2\,\frac{r_F - r_B}{r_F + r_B} + \frac{a}{b\,[1-1/m]}\right]}$$

aus der man die Radiusänderung des Radkörperringes in Abhängigkeit der Konstruktionsdaten ermitteln kann. Der Druck in der Fügefläche p_F ergibt sich aus dem wirksamen Übermaß und muß so bemessen sein, daß die Betriebssicherheit der Bandage gewährleistet ist.

Abb. 19 zeigt ein Diagramm, in dem die Radiusänderungen eines Radkörpers mit 1000 mm Außenradius und einem spezifischen Druck in der Fügefläche von $p_F = 1\ kp/mm^2$ über dem Quotienten a/b (siehe Abb. 18) dargestellt sind. Da die Radiusänderung proportional dem Fügeflächendruck und dem Radkörperradius ist, kann sehr leicht auf andere Verhältnisse umgerechnet werden. Für übliche Bauweisen liegt das Verhältnis a/b - Gesamtbreite der Böden zu Radbreite - zwischen einem Wert knapp unter 0,2 bis etwa 0,3. Wie sich aus den Kurven ersehen läßt, ist der Verlauf der Steifigkeitszunahme bei wachsender Dicke der Böden stark degressiv. Weiterhin ist zu erkennen, daß die Radiusänderung eines Radkörperringes üblicher Abmessungen mit Böden mittlerer Dicke etwa ein Viertel der Radiusänderung ohne Böden beträgt.

3.4 Reibwert und Traganteil

Das übertragbare Drehmoment einer Schrumpfverbindung hängt im wesentlichen davon ab, wie sich in der Fügefläche der Kontakt zwischen den beiden Körpern ausbildet. Je größer der Anteil der tragenden Fläche an der Gesamtfügefläche und je größer der Reibwert μ ist, desto größer ist das übertragbare Moment.
Dieses beträgt für eine ideale Schrumpfverbindung:

$$M = p_F \cdot F_F \cdot \mu \cdot r_F$$

Da aber in Wirklichkeit nicht die ganze Fügefläche F_F an der Kraftübertragung beteiligt ist und auch die spezifische Flächenpressung p_F nicht konstant ist, lautet die Gleichung für eine reale Schrumpfverbindung

$$M = r_F \cdot \mu \cdot \Sigma(p_i \cdot F_i)$$

Da die Größen p_i und F_i bei der herkömmlichen Auslegung der Fügeflächen weder berechnet noch gemessen werden können, hilft man sich mit einem Haftbeiwert ν, womit sich das Moment M errechnet zu

$$M = r_F \cdot p_{mittel} \cdot F_F \cdot \nu$$

Somit stellt ν - diese Bezeichnung findet auch in der DIN-Norm 7190 Verwendung - den Quotienten dar aus der Summe aller auf die Fügefläche wirkenden Kräfte und der Haftkraft.

Zur Erhöhung dieses Haftbeiwertes werden in der Praxis die Fügeflächen oft sehr rauh gehalten, zum Teil werden sie auch vor dem Aufschrumpfen mit Korundpulver bestreut [5, 6] . Im ersteren Fall ist es sehr wahrscheinlich, daß die Rauhigkeitsspitzen unter einer vom umlaufenden Kraftangriff erzeugten Walkarbeit abgebaut werden und das wirksame Übermaß sich verringert. Dasselbe kann man auch von einer Körnerschicht in der Fügefläche annehmen. In letzter Zeit aber neigt man mehr zu der Annahme, daß das Zusammenfügen möglichst glatter Flächen eine bessere Haftung bewirkt.
Bei dem Zusammenfügen von Bandage und Radkörper ist vor allem die Forderung nach einer ausreichenden und über dem Umfang gleichmäßigen Haftung zu erfüllen.
In der Praxis ist dieses Ziel aus konstruktiven und fertigungstechnischen Gründen nur sehr schwer zu erreichen. Außerdem muß bei den meisten bandagierten Rädern mit einem Eindringen von Öl in die Fügefläche zwischen Bandage und Radkörper gerechnet werden.
Durch die Bewegung zwischen Bandage und Radkörper infolge der Zahnnormalkraft (Walkarbeit) kann das Öl u. U. auch in Fügeflächenbereiche gepreßt werden, in denen zunächst eine feste metallische Berührung von Bandage und Radkörper vorlag.

In experimentellen Versuchen wurde deshalb untersucht, mit welchen Haftbeiwerten in der Praxis bei bandagierten Zahnrädern zu rechnen ist. Durch eine Erwärmung der Versuchsbandagen in einem Ölbad wurde absichtlich eine vollständige Benetzung der Fügeflächen erreicht, um sicherzustellen, daß die ermittelten Haftbeiwerte bei der Auslegung großer Bandagen auch unter ungünstigen Betriebsbedingungen noch eine ausreichende Sicherheit gegen Mikrowandern garantieren.

Untersucht wurden die Reibungsverhältnisse zwischen Stahlbandagen und Stahl- bzw. Graugußradkörpern unter Verwendung unterschiedlicher Fügeflächenqualitäten und spezifischen Fügeflächendrücken zwischen 0,7 und 2,0 kp/mm^2, wie sie auch in der Praxis vorliegen. Bei bandagierten Rädern interessiert in diesem Zusammenhang der Widerstand gegen Mikrowandern, so daß also nicht die Haftkraft sondern nur die Gleitkraft aussagefähig ist; hierauf wird auch in DIN 7190 [7] hingewiesen.
Die Bandagen wurden auf einer elektronisch gesteuerten Spindelpresse mit konstanter Geschwindigkeit axial vom Radkörper abgedrückt und dabei der Kraftverlauf über der Zeit aufgetragen.
Die Paarung Stahl auf Stahl ergab für geschliffene Fügeflächen (R_a = 0,18 ÷ 0,25 µm) einen Haftbeiwert von 0,08 ÷ 0,10. Diese niedrigen Werte sind darauf zurückzuführen, daß erfahrungsgemäß schon geringe Ölmengen ausreichen, um glatte Flächen voneinander zu trennen.
Bandagierte Zahnräder sollten deshalb so bearbeitet sein, daß sich in der Fügefläche eine möglichst große Zahl von Berührpunkten gleichmäßig über dem Umfang verteilt, in denen die Flächenpressung so hoch ist, daß der Ölfilm dort dauerhaft durchbrochen bleibt.
Bei einigen Bandagen konnte dies durch unterschiedliche Formgenauigkeit erzielt werden. Aufgrund einer bestimmten Maschineneinstellung wurde in der Fügefläche eine geringe Welligkeit in tangentialer Richtung mit einer Amplitude von 2 ÷ 2,5 µm erzeugt. Diese Bandagen

lagen dadurch an 64 gleichmäßig über dem Umfang verteilten Stellen verstärkt auf. Es stellte sich ein Haftbeiwert von $\nu = 0,12 \div 0,14$ ein. Damit soll nicht empfohlen werden - wie es in der Praxis gelegentlich experimenthalber geschah - Bereiche erhöhter Flächenpressung dadurch zu erzeugen, daß die Radkörperfügefläche durch Längs- und Querrillen unterteilt wird. Selbst wenn dadurch eine gewisse Tragfähigkeitssteigerung erzielt werden könnte, würde dieser Vorteil durch die erhöhten Fertigungskosten wieder egalisiert. Auf eine weitere Untersuchung dieser Zusammenhänge wurde deshalb verzichtet.

Waren nach mehrmaliger Gleitkraftermittlung die Fügeflächen durch feine Riefen aufgeraut, so stellte sich ein Haftbeiwert von $0,12 \div 0,13$ ein. Bei den Belastungsversuchen an aufgeschrumpften Bandagen ließ sich aus der Ausbreitung der beeinflußten Zone in Abhängigkeit der angreifenden Umfangskraft ein Haftbeiwert von $\nu = 0,135$ ermitteln. Damit ergab sich eine gute Übereinstimmung der Ergebnisse aus axialem Abdrücken und tangentialem Belasten.

Aufgrund dieser Untersuchungen war es möglich, den Reibungskoeffizienten zwischen den Versuchsbandagen und -radkörpern mit geschliffenen Fügeflächen hinreichend genau zu bestimmen. Für die Praxis ebenfalls von großer Bedeutung sind die entsprechenden Werte für rauhere Oberflächen.

Bei gedrehten Fügeflächen müßte eigentlich sehr genau unterschieden werden, ob eine Schrumpfverbindung in Richtung der Bearbeitungsriefen oder senkrecht zu ihnen belastet wird, da die entsprechenden Haftbeiwerte aufgrund unterschiedlicher Glättung stark voneinander abweichen [8] .

Trotzdem konnte bei den vorliegenden Untersuchungen das axiale Abdrücken brauchbare Werte liefern. Im Interesse einer sicheren Auslegung von Bandagen sollte nämlich der Rechnung ein Haftbeiwert zugrundegelegt werden, wie er sich nach längerem Mikrowandern der Bandage auf dem Radkörper einstellt. Zu diesem Zeitpunkt hat auch bei der tangentialen Bewegungsrichtung ein Glättungsprozeß seinen Abschluß gefunden, der sich nicht wesentlich von dem unterscheiden wird, der sich nach allerdings sehr viel kürzerer Zeit bei Verschiebung in axialer Richtung einstellt.

An bandagierten Rädern mit geschlichteten Fügeflächen (R_a = 4,0 ÷ 5,0 µm) konnten Werte von ν = 0,15 ÷ 0,20 ermittelt werden. Nach einigen Abdrückversuchen stellten sich aber, wahrscheinlich aufgrund der Glättung der Rauhigkeitsspitzen, Werte von etwa ν = 0,14 ÷ 0,16 ein. Dieser Effekt ist auch in der Praxis zu erwarten, wo z.B. aufgrund von Anfahrstößen mit Bewegungen zwischen Bandage und Radkörper zu rechnen ist. Bei der Auslegung von Stahlbandagen auf Stahlradkörpern sollte deshalb ein Haftbeiwert zwischen 0,13 und 0,15 gewählt werden.

Abdrückversuche unter Verwendung von Radkörpern aus GG-22 ergaben für geschliffene Fügeflächen einen Haftbeiwert von 0,08 ÷ 0,10. Für gedrehte Flächen wurden Werte zwischen 0,12 und 0,15, z.T. auch Fressen festgestellt. Es konnte beobachtet werden, daß nach mehrmaligem Abdrücken stellenweise die Haftkraft nachließ, was wahrscheinlich auf einen Abrieb der Rauhigkeitsspitzen zurückgeführt werden kann. Bei dem Aufschrumpfen einer Stahlbandage auf einen Graugußradkörper sollte der Berechnung ein Haftbeiwert von 0,10 ÷ 0,12 zugrundegelegt werden.

Die für die praktische Auslegung bandagierter Räder interessierenden Haftbeiwerte sind in der folgenden Tabelle zusammengefaßt.

Qualität der Fügeflächen	Material Ba.	Radb.	Rauhigkeit R_a [µm]	Haftbeiwert für prakt. Auslegung
geschliffen	42CrMo4	St37	0,18÷0,25	0,08 ÷ 0,10
geschlichtet	42CrMo4	St37	4,0 ÷5,0	0,13 ÷ 0,15
geschliffen	42CrMo4	GG-22	0,18÷0,25	0,08 ÷ 0,10
geschlichtet	42CrMo4	GG-22	4,0 ÷5,0	0,10 ÷ 0,12

4. SICHERHEIT GEGEN BRUCH

Das zweite Kriterium für die Betriebssicherheit von Bandagen ist die Sicherheit gegen Bruch. In bezug auf die Zahnfußbelastung besteht ein wesentlicher Unterschied zwischen einer Bandage und einem massiven Zahnrad gleicher Abmessungen, da sich die Schrumpfspannung der Zahnfußbiegespannung überlagert. Deshalb sollten Verzahnungsfehler, die die Zahnfußbelastung erhöhen, besonders an aufgeschrumpften Zahnkränzen vermieden werden.

4.1 Flankenkorrektur von Bandagenverzahnungen

Es gibt Fälle, in denen fertige Bandagen aufgeschrumpft werden sollen, z.B. wenn das komplette Rad zu schwer ist für die Verzahnmaschine, oder wenn die Verzahnung nitriert werden soll. Es ist billiger, nur die Bandage in den Ofen einzubringen, statt des ganzen Rades, und außerdem kann die beim Nitrieren in aufgeschrumpftem Zustand entstehende bleibende Dehnung der Bandage (siehe Abschnitt 3.2.2) vermieden werden.

Für alle Bandagen, die in fertig bearbeitetem Zustand aufgeschrumpft werden sollen, gilt demnach, daß ihre Verzahnungen so gefertigt werden müssen, daß sie nach dem Aufschrumpfen möglichst fehlerfrei sind.

In Abb. 20 ist ein Verzahnungsabschnitt vor und nach dem Aufschrumpfen gezeigt. Durch die Aufweitung der Bandage werden die Zähne um den Betrag des wirksamen Schrumpfmaßes radial nach außen verschoben, wodurch sich Zahnweite, Kopf- und Fußkreisradius vergrößern. Dadurch entsteht ein positiver Eingriffsteilungsfehler, der zu einem stoßartigen Zahn-Eingriff und verstärktem Tragen am Kopf führt. Gerade an einer Bandage aber sollte jegliche durch Verzahnungsfehler verursachte zusätzliche Zahnfußbelastung vermieden werden, da der Zahnfuß bereits durch die Schrumpfspannung zusätzlich belastet ist.
Aus den Verzahnungsdaten und der radialen Aufweitung der Bandage wurde deshalb eine Zahnprofilkorrektur berechnet, die es ermöglicht, eine Verzahnung so zu fertigen, daß sie nach dem Aufschrumpfen das richtige Profil hat.
Es zeigt sich, daß vom Fuß zum Kopf eine nahezu linear zunehmende Flankenrücknahme erforderlich ist, deren Größe von Modul, Zähnezahl und wirksamem Schrumpfmaß abhängt. In Abb. 21 ist in einem Diagramm die Größe der Flankenrücknahme in Abhängigkeit von Modul und Zähnezahl dargestellt. Zugrundegelegt ist eine radiale Aufweitung der Bandage von 1‰ des Wälzkreisdurchmessers. Da die Flankenkorrektur direkt proportional zur Aufweitung ist, kann von dem vorliegenden Wert von 1‰ leicht auf andere Werte umgerechnet werden. Am Beispiel eines Rades mit Modul = 12 mm und 150 Zähnen sei der Einfluß des Verzahnungsfehlers auf die Sicherheit gegen Zahnbruch gezeigt. Für diese Verzahnungsdaten wurde ein Vorstehen des Zahnkopfes um 44 µm berechnet. Dadurch würde die Verzahnungs-

qualität nach DIN 3962 [9] in bezug auf den Eingriffsteilungsfehler z.B. von 6 auf 9 fallen, die Zahnfußbelastung nach DIN 3990 [10] um ca. 20% steigen.

Die erforderliche Flankenkorrektur entspricht in ihrem äußeren Erscheinungsbild einem negativen Grundkreisfehler und läßt sich durch eine positive Eingriffswinkeländerung des Werkzeuges herstellen. Beim Schleifen ist dies leicht zu erzeugen durch ein entsprechendes Abziehen der Schleifscheibe oder Verwendung eines Korrekturlineals.

4.2 Zusatzspannungen in unrunden Bandagen

Eine weitere zusätzliche Erhöhung der Verzahnungsbeanspruchung erfolgt dann, wenn Bandagen in unrundem Zustand aufgeschrumpft werden. Es entstehen dadurch nämlich in der Zahnfußzone Zugspannungen, die sich den Schrumpfspannungen überlagern. Diese Spannungen sind abhängig vom Verformungsgrad der Bandage. Je größer die Differenz zwischen dem Radkörperradius und dem Krümmungsradius der Bandage an der verformten Stelle ist, desto größer werden die Zusatzspannungen. Da Formfehler der Bandage in der Praxis nicht oder nur sehr schwer erfaßbar sind, wurden Näherungsformeln entwickelt, die die Größe der Zusatzspannungen nach oben und unten abgrenzt. Abb. 22 zeigt zwei Verformungsmöglichkeiten, die als spezielle Formen unrunder Bandagen gelten können. Beide Bandagen sind bei gleichem Übermaß so verformt, daß in erwärmtem Zustand beim Aufschrumpfen kein Montagespiel vorhanden ist.
Die am häufigsten vorkommende Verformung läßt sich durch die elliptische Form darstellen (links im Bild), wobei es zur Zweipunktanlage

kommt. Denkbar ist auch die Anlage an mehreren Punkten; repräsentativ für diese Verformung ist die Vierpunktanlage, die zu höheren Zusatzspannungen führt als eine eventuelle Dreipunktanlage.

Interessant für die Berechnung der Zusatzspannungen sind am Umfang einer Bandage die Punkte, an denen beim Aufschrumpfen zusätzliche Zugspannungen in der Außenfaser erzeugt werden, weil diese Zone aufgrund der Kerbwirkung der Zähne ohnehin die am meisten beanspruchte ist. An den beiden gezeigten Bandagen sind dies die Anlagepunkte, wo der Krümmungsradius der verformten Bandage größer ist als der Radius des Radkörpers. Zur Berechnung der Zusatzspannungen müssen also an den Anlagepunkten die Krümmungsradien der Bandage ermittelt werden. Zu diesem Zweck wurde den Modell-Bandagen eine mathematisch leicht beschreibbare Form gegeben. Die linke Bandage ist elliptisch, bei der rechten wurde in der Nähe der Anlagepunkte Kreisform angenommen.

Der Berechnung der Zusatzspannungen liegt ein eingespannter, kreisförmiger Balken zugrunde, der den gleichen Krümmungsradius aufweist wie die Bandage an der Berührungsstelle mit dem Radkörper. Durch ein Moment wird dieser Balken derart belastet, daß die Kreisform erhalten bleibt und nur der Krümmungsradius sich ändert. Die Spannungen wurden in Abhängigkeit von der Radiusänderung berechnet.

Um in der Praxis die Zusatzspannungen leichter ermitteln zu können, wurden Diagramme erstellt, deren Handhabung im folgenden am Beispiel einer Bandage von 1000 mm Innenradius und 100 mm Dicke erläutert wird.

Als erstes muß die Bandage ausgemessen und die Differenz Δd_F zwi-

schen dem größten und kleinsten Durchmesser bestimmt werden. Dies ist relativ einfach, da keine Absolutmessungen erforderlich sind.
Aus den Diagrammen, die in Abb. 23 und 24 gezeigt sind, wird in Abhängigkeit von Δd_F über dem Innendurchmesser der Bandage d_F der Quotient $\Delta r/r_F$ abgelesen. Δr ist die Differenz zwischen Ist- und Soll-Krümmungsradius an den Anlagepunkten der Bandage. Das Montagespiel ergibt sich aus der Differenz der aus der Erwärmung resultierenden radialen Aufweitung der Bandage und dem Übermaß des Radkörpers. Bei einem angenommenen Montagespiel von 1‰ des Fügeflächendurchmessers ist die Bandage bei elliptischer Verformung (Zwei-Punkt-Anlage) bis zu einem Wert $\Delta r/r_F$ = 2‰ ohne zusätzliche Montagehilfe (z. B. axiales Aufpressen) montierbar, bei Vier-Punkt-Anlage bis 4,5‰ . Weicht das Montagespiel von 1‰ ab, so ändert sich in gleichem Maße der Bereich, in dem die Bandage ohne Aufpressen aufziehbar ist. Bei der Größe $\Delta r/r_F$ handelt es sich um einen Hilfswert, mit dem man anhand des in Abb. 25 gezeigten Diagrammes die Zusatzspannungen ermitteln kann. Diese sind dargestellt in Abhängigkeit vom Verhältnis der Bandagendicke s zum Innenradius r_F und dem Wert $\Delta r/r_F$. Für das genannte Beispiel läßt sich ablesen, daß die Zusatzspannung σ_{Zug} bei dem angenommenen Verformungsgrad Δd_F = 1 mm zwischen 2,0 und 4,5 kp/mm^2 liegt. Bei einer Pressung in der Fügefläche von p_F = 2,0 kp/mm^2 erhöht sich die Zugspannung in der Bandage um 10 bis 22,5 % von 20 auf 22 bis 24,5 kp/mm^2. Der angenommene Verformungsgrad entspricht praktischen Erfahrungen, die gezeigt haben, daß Bandagen z. B. durch das Freiwerden von Eigenspannungen während des Vorverzahnens oder auch durch unsachgemäße Lagerung unrund werden. Das gewählte Beispiel zeigt, daß durch die Unrundheit einer Bandage durchaus ernstzunehmende Zusatzspannungen hervorgerufen werden können.

4.3 Einfluß der Schrumpfspannung auf die Tragfähigkeit von Bandagenverzahnungen

Die Betriebssicherheit von bandagierten Zahnrädern hängt neben der Festigkeit der Schrumpfverbindung und der Festigkeit der Bandage selbst von der Zahnfußtragfähigkeit der Verzahnung ab. Aus diesem Grund ist es wichtig zu wissen, wie sich die Schrumpfspannung der Zahnfußbiegespannung überlagert, weil davon die eventuelle Minderung der Zahnfußtragfähigkeit abhängt [11] .
Von den Untersuchungen der Zahnfußtragfähigkeit an Massivrädern ist bekannt, daß die Größe der Zahnfußausrundung einen großen Einfluß hat. Deshalb wurde außer der Schrumpfspannung auch die Zahnfußausrundung verändert.

Abb. 26 zeigt die für bandagierte Zahnräder aus 42 Cr Mo 4 V ermittelten Wöhlerlinien. Der Zahnfußausrundungsradius beträgt nur 0,2 · Modul. Die höchste Dauerfestigkeit weist jeweils das Massivrad auf, das zum Vergleich mit untersucht wurde. Dieses Rad stammt aus derselben Charge wie die Bandagen und wurde mit ihnen zusammen verzahnt, so daß die Verzahnungsgeometrien völlig identisch sind. Die drei darunter liegenden Kurven verdeutlichen den Abfall der Zahnfußtragfähigkeit mit steigender Schrumpfspannung.

Die Wöhlerlinien für Bandagen mit einer Zahnfußausrundung von 0,4 · Modul sind in Abb. 27 dargestellt. Auch hier zeigt sich wieder deutlich der Einfluß der Schrumpfspannung in einem Abfall der Dauerfestigkeit. Trägt man die Zahnfußtragfähigkeit über der Schrumpfspannung auf, so erhält man die in Abb. 28 dargestellten Verläufe.

Man erkennt, daß die Zahnfußtragfähigkeit absolut gesehen bei beiden Kurven etwa in gleichem Maße mit wachsender Schrumpfspannung abnimmt. Wertet man die Versuche nach der Zahnfußausrundung aus,

so erhält man die Darstellung der Abb. 29. Darin ist die Zahnfußtragfähigkeit über der Zahnfußausrundung aufgetragen. Die mittlere Linie wurde von Feltkamp [12] an Rädern aus normalisiertem 42 Cr Mo 4 ermittelt.
Die Bandagen dagegen waren aus vergütetem Material hergestellt, was sich an der höheren Tragfähigkeit der Massivräder zeigt.

Bei diesen Versuchen ergab sich eine Steigerung der Zahnfußtragfähigkeit mit zunehmender Zahnfußausrundung, die auch schon von Feltkamp an Massivrädern in gleichem Maße ermittelt wurde. Der prozentuale Anstieg der Festigkeit über der Zahnfußausrundung ist also um so größer, je höher die Schrumpfspannung σ_{ta} ist.

Die durchgeführten Versuche zeigen, daß Bandagen in noch stärkerem Maße von der Größe der Zahnfußausrundung abhängen als Massivräder und daß bei hohen Schrumpfspannungen der Zahnfußausrundung ganz besondere Beachtung zukommen muß.

5. ZUSAMMENFASSUNG

Zwischen massiven und bandagierten Zahnrädern bestehen im wesentlichen folgende Unterschiede:

1. Die Bandage kann sich auf dem Radkörper verschieben.

2. Der schon beim Massivrad vorliegenden Spannung im Zahnfuß wird bei der Bandage eine aus der Schrumpfspannung resultierende Spannung überlagert.

Die Untersuchung der Sicherheit gegen Mikrowandern der Bandage erbrachte im wesentlichen eine Übereinstimmung zwischen den Ergebnissen, die an theoretischen Modellen gewonnen wurden und denen, die sich an praktischen, statischen Abdrückversuchen ergaben. Es zeigte sich, daß eine Bandage mit üblichem Verhältnis von Dicke/Durchmesser in tangentialer Richtung ohne Mikrowandern nur ca. 5÷10% der Kraft übertragen kann, die zum axialen Abdrücken dieser Bandage vom Radkörper benötigt würde.

Wie sich aus den Versuchsergebnissen weiterhin ergab, ist die Steifigkeit des Radkörpers von Bedeutung; einerseits soll er unter dem Druck der Bandage in radialer Richtung möglichst wenig abnehmen, andererseits ist es günstig, wenn sich der Radkörper in tangentialer Richtung mit der Bandage zusammen möglichst weit verformt, damit zusätzliche Bereiche der Fügefläche zur Drehmomentübertragung herangezogen werden.

Die radiale Steifigkeit eines geschweißten Radkörpers bestimmter Bauweise kann nunmehr mit Hilfe eines Diagrammes angenähert ermittelt werden, so daß der Konstrukteur in vielen Fällen sicherer als bisher die Radiusänderung des Radkörpers berechnen kann. Die Kenntnis der tatsächlichen Pressung in der Fügefläche ist für die Beurteilung der Sicherheit gegen Rutschen bekanntlich von elementarer Bedeutung. Im aufgeschrumpften Zustand gasnitrierte Zahnräder zeichnen sich durch einen erheblichen Spannungsverlust dadurch aus, daß sich das Bandagenmaterial bei der Nitriertemperatur von ca. 500 ^{o}C durch Fließvorgänge bleibend dehnt. Der zu diesen Dehnungen führende Prozeß wurde dargestellt und eine Möglichkeit angegeben, den durch das Gasnitrieren verursachten Spannungsverlust zu berechnen.

Die Sicherheit gegen Bruch wird weniger bestimmt durch die Möglichkeit, daß die Bandage als Ganzes bricht als vielmehr durch die Zahnfußtragfähigkeit der Verzahnung. Diese ist bekanntlich gegenüber der eines Massivrades schon durch die Wirkung der Schrumpfspannung herabgesetzt; durch Verzahnungsfehler, die zu einer weiteren zusätzlichen Belastung des Zahnfußes führen, wird die Tragfähigkeit noch weiter gemindert. Sie müssen deshalb vor allem bei bandagierten Rädern vermieden werden .

Häufig will man fertig verzahnte Bandagen aufschrumpfen, wozu es erforderlich ist, die durch die Dehnung der Bandage entstehenden Verzahnungsfehler durch eine vorherige Korrektur zu kompensieren. Dazu ist ein Diagramm erstellt worden, mit dessen Hilfe eine Verzahnung so vorkorrigiert werden kann, daß sie nach dem Aufschrumpfen der Bandage nahezu völlig exakt ist und der Zahnfuß nicht durch Verzahnungsfehler noch zusätzlich belastet wird.
Zu einer örtlichen Erhöhung der Spannungen im Bereich der Verzahnung führt ebenfalls eine Unrundheit der Bandage. Anhand von Diagrammen können die entstehenden Zusatzspannungen abgeschätzt werden. Dadurch ist es möglich, entsprechende Fertigungsvorschrif-

ten zu erlassen, bzw. im Einzelfall gezielt zu entscheiden, wo die zulässige Grenze der Unrundheit liegt.

Der Einfluß der Schrumpfspannung steht in direktem Zusammenhang mit der Verzahnungsgeometrie. Die Versuchsergebnisse zeigten eindeutig den Vorteil großer Zahnfußausrundungen und geben an, mit welcher Tragfähigkeit bei vergüteten Zahnrädern an 42 Cr Mo 4 im Bereich üblicher Schrumpfspannungen gerechnet werden kann.

Die weiteren Untersuchungen werden dynamische Versuche in einem Laufprüfstand sowie eine rechnerische Überprüfung der Sicherheit gegen Mikrowandern umfassen.
Mit einer Ausdehnung des Forschungsprogrammes auf schrägverzahnte Bandagen wird es möglich sein, ein umfassendes Berechnungsverfahren für die Auslegung bandagierter Räder zu erstellen.

Hinsichtlich der Sicherheit gegen Zahnbruch wird es für eine breitere Anwendungsbasis erforderlich sein, weitere gebräuchliche Verzahnungswerkstoffe und Oberflächenverfahren zu untersuchen.

LITERATURVERZEICHNIS

[1] Bach, C. Elastizität und Festigkeit
Berlin : Springer 1920

[2] Peiter, A. Experimentelle Spannungsanalyse an Schrumpfpassungen
Konstruktion, 10 (1958) Heft 6

[3] Peiter, A. Theoretische Spannungsanalyse an Schrumpfpassungen
Konstruktion, 10(1958) Heft 10

[4] Correns, H. Spannungen und Dehnungen in einer aufgeschrumpften Zahnradbandage
Sonderdruck aus Forschung auf dem Gebiet des Ingenieurwesens
Bd. 28, 1962 , Nr.4

[5] Meyer, P. Erhöhung des Haftbeiwertes von Preßpassungen durch eine Körnerlage in der Fuge
Werkstattechnik und Maschinenbau
39. Jg (1949), Heft 11/12

[6] Neufeld, J. Schrumpfverbindungen im Schiffsmaschinenbau, besonders bei Großbetrieben
Hansa-Schiffahrt-Schiffbau-Hafen
95. Jg. (1958), Nr. 34/35

[7] DIN 7190 Berechnung einfacher Preßpassungen

[8] Kienzle, O. Die Einflüsse auf die Haftbeiwerte in den Fugen von Preßsitzen
Werkstattechnik und Werksleiter
1938, Heft 24

[9] DIN 3962 Tragfähigkeitsberechnung von Stirn- und Kegelrädern

[10] DIN 3990 Toleranzen für Stirnradverzahnungen

[11] Lechner, G. Zahnfußfestigkeit von Zahnradbandagen
Konstruktion 19(1967) Heft 2

[12] Feltkamp, K. Untersuchungen über den Einfluß von Fertigungsfehlern und Zahnfußausrundungen auf die Zahnfußbeanspruchung und die Tragfähigkeit gehärteter Stirnräder
Dissertation, TH Aachen, 1967

ABBILDUNGEN

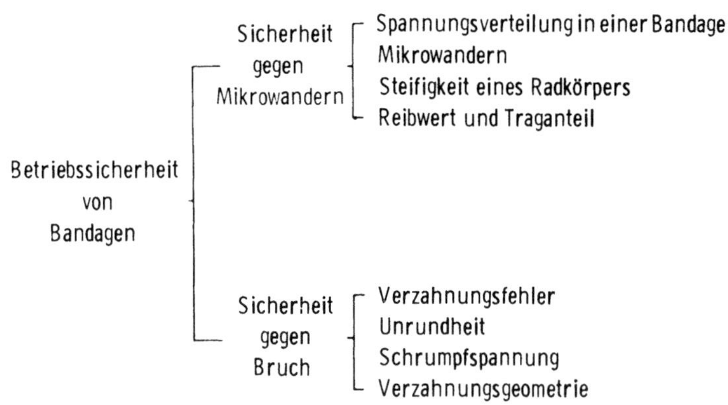

Abb. 1. Einflüsse auf die Betriebssicherheit von Bandagen

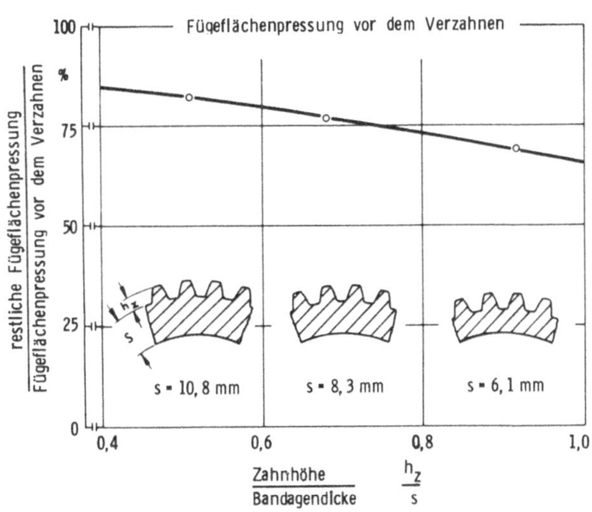

Abb. 2 Einfluß des Verzahnens auf die Fügeflächenpressung eines bandagierten Rades

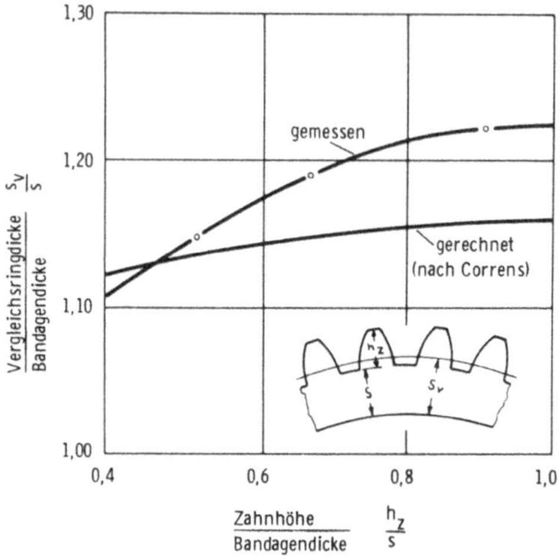

Abb. 3 Diagramm zur Ermittlung der Vergleichsringdicke

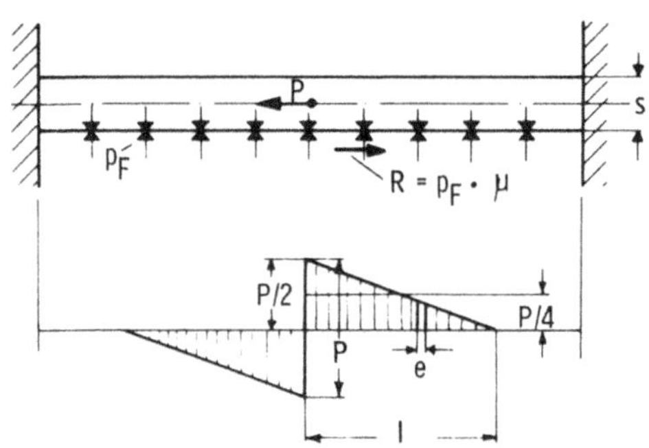

① $v_p = l \, \frac{P/4}{s \cdot b \cdot E}$

② $\frac{P}{2} = p_F \cdot \mu \cdot l \cdot b$

③ $v_p = \frac{P^2}{8 \cdot s \cdot b^2 \cdot p_F \cdot \mu \cdot E}$

Abb. 4 Kraftverlauf in einem eingespannten Stab

Abb. 5 Belastungsvorrichtung für Bandagen

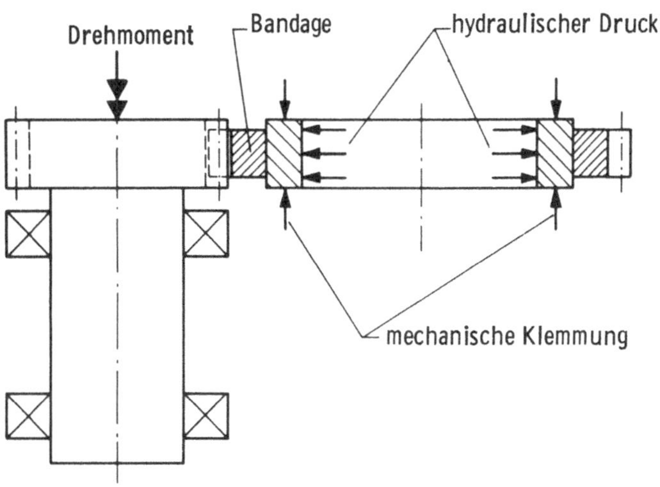

Abb. 6 Prinzip der Belastungsvorrichtung für Bandagen

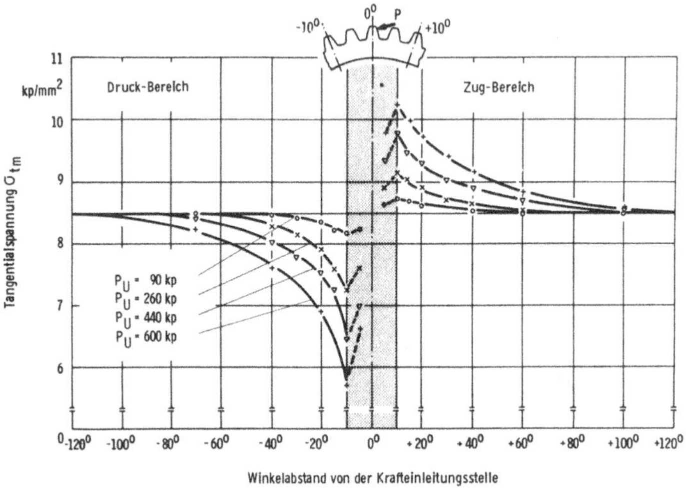

Abb. 7 Spannungsverteilung in einer Bandage

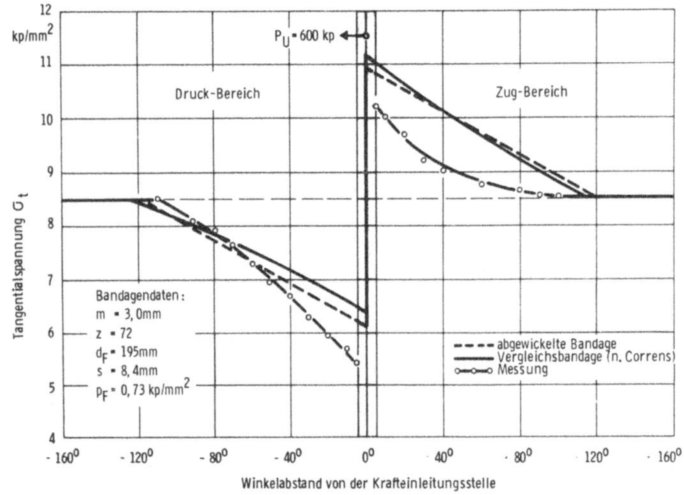

Abb. 8 Vergleich berechneter und gemessener Spannungsverteilungen

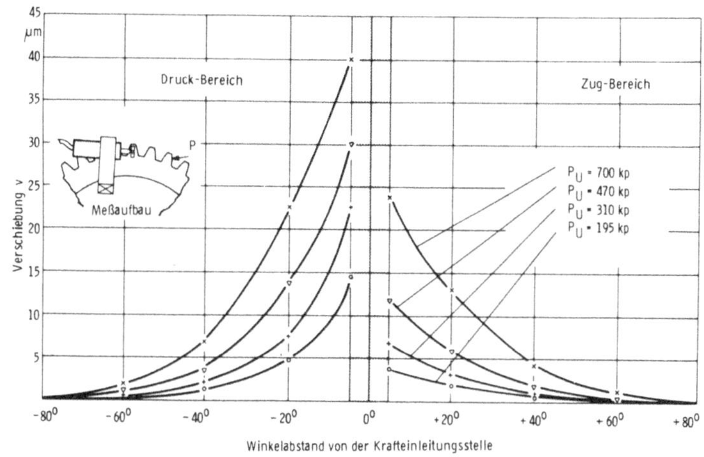

Abb. 9 Verschiebungen an einem bandagierten Zahnrad

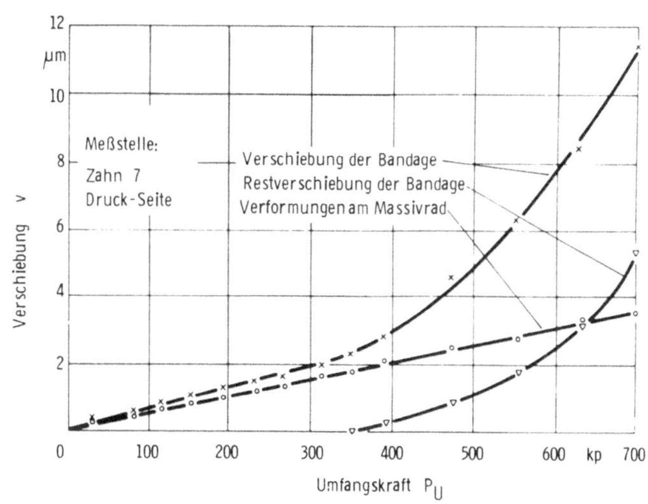

Abb. 10 Verschiebungen an einem bandagierten Zahnrad

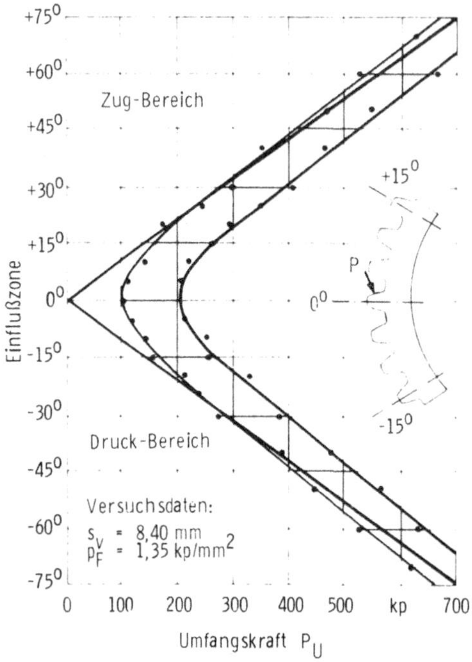

Abb. 11

Größe der beeinflußten Zone in einer Bandage

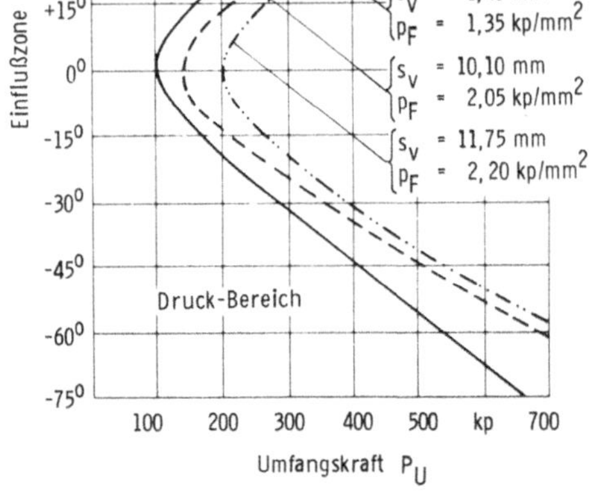

Abb. 12

Größe der beeinflußten Zone von Bandagen

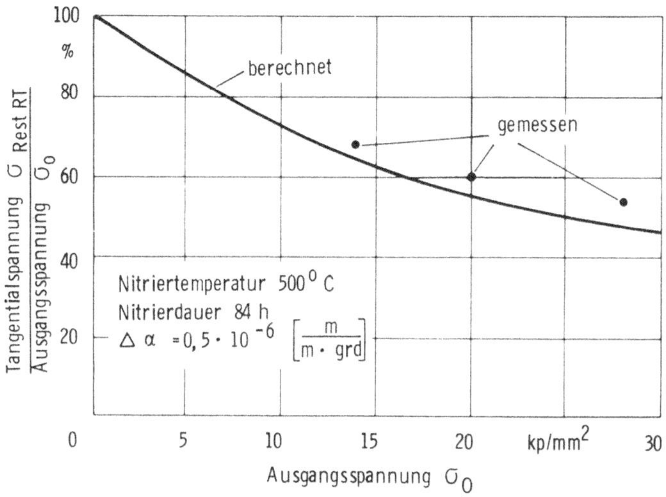

Abb. 13 Einfluß der Ausgangsspannung auf den Spannungsabfall beim Nitrieren

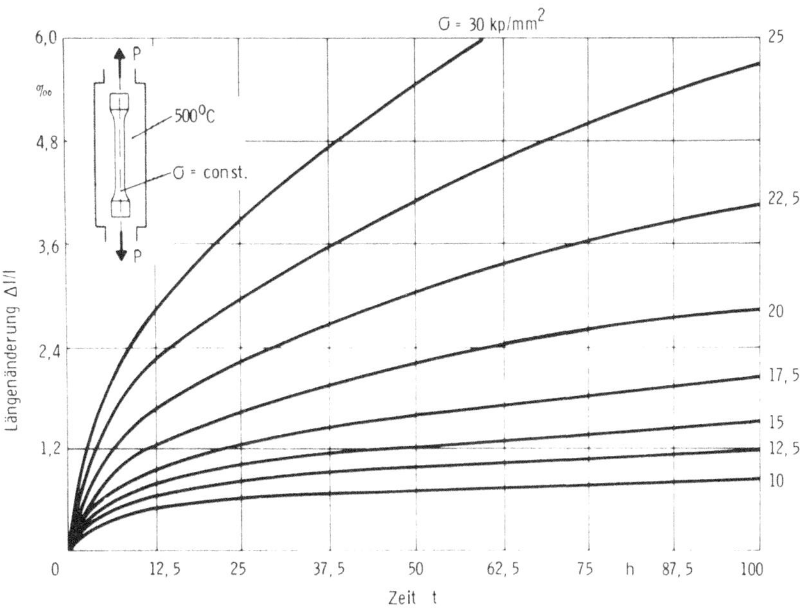

Abb. 14 Kriechverhalten von Zugproben aus vergütetem 42 Cr Mo 4

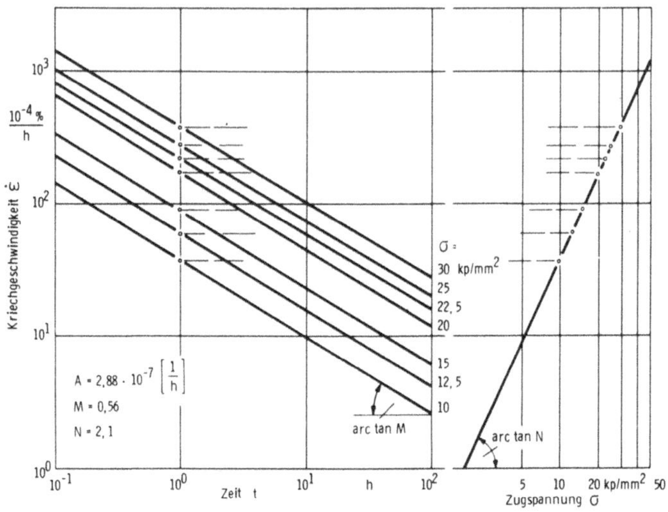

Abb. 15 Kriechverhalten von Zugproben aus vergütetem 42 Cr Mo 4

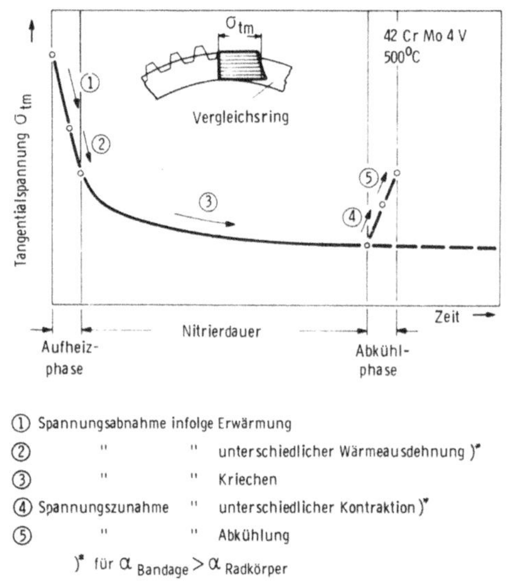

Abb. 16

Einfluß des Gasnitrierens auf die Festigkeit bandagierter Zahnräder

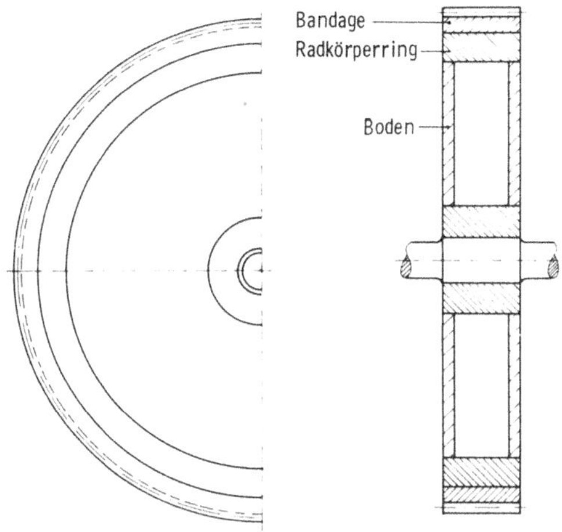

Abb. 17
Aufbau eines
bandagierten
Zahnrades

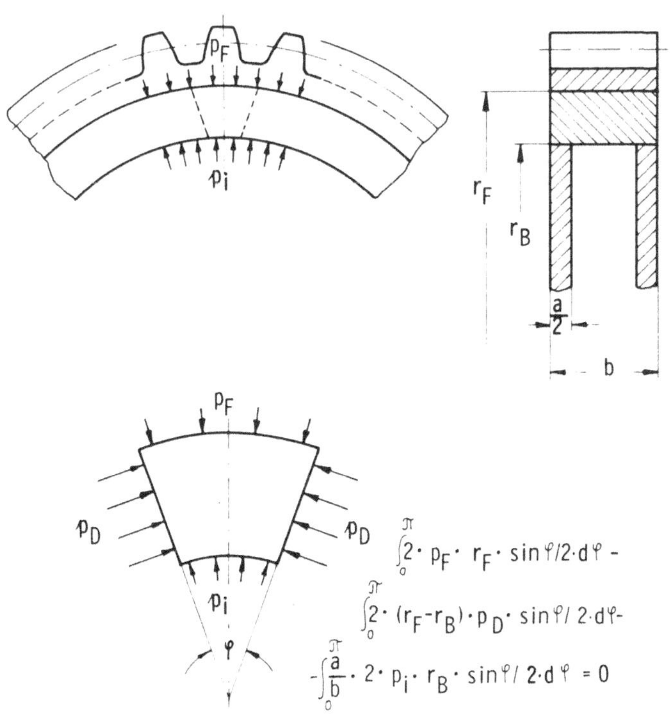

Abb. 18 Gleichgewichtsbedingung eines Radkörperring-Segmentes

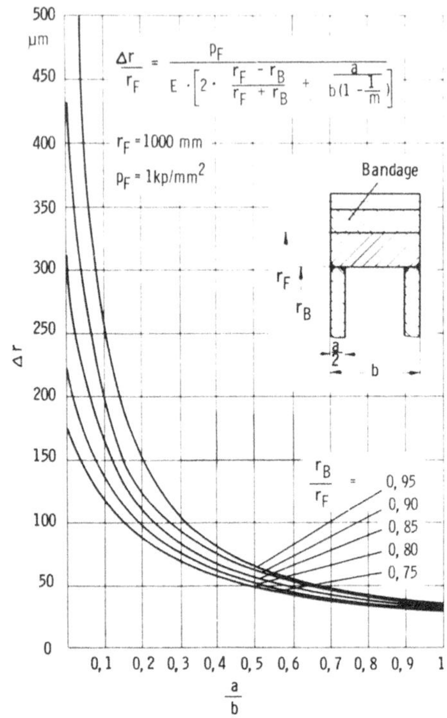

Abb. 19 Diagramm zur Ermittlung der Radiusänderung eines Radkörpers

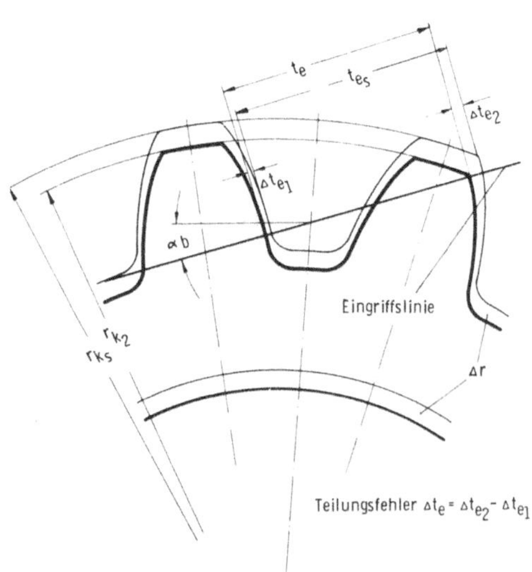

Abb. 20 Teilungsfehler an einer aufgeschrumpften Bandage

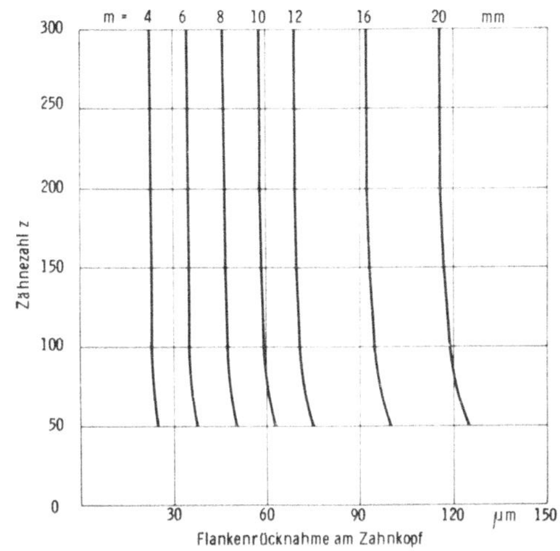

Abb. 21 Diagramm zur Ermittlung der Flankenkorrektur fertigverzahnter Bandagen

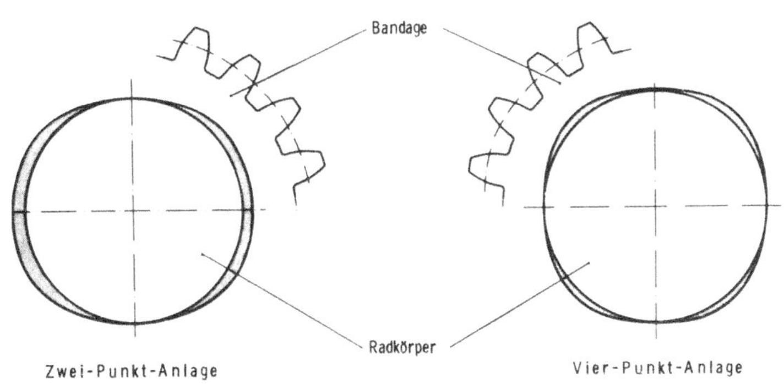

Abb. 22 Spezielle Formen unrunder Bandagen

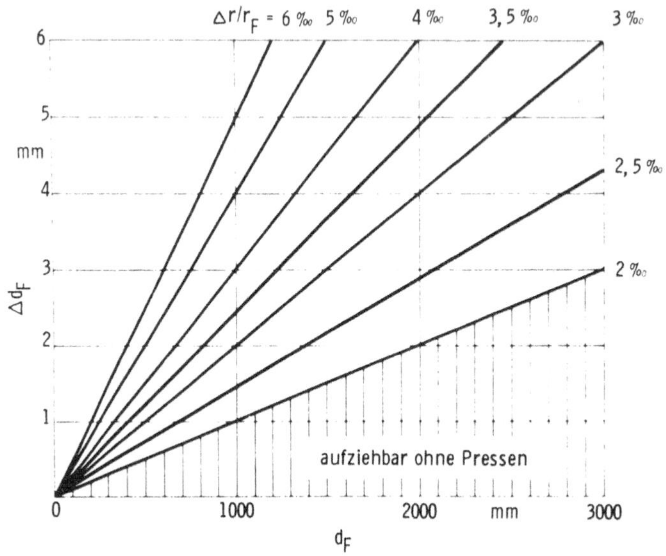

Zwei-Punkt-Anlage

Montagespiel 1 ‰
Aufweitung durch Erwärmung 2 ‰
Übermaß des Radkörpers 1 ‰

Abb. 23
Diagramm zur Ermittlung des Radiusverhältnisses $\Delta r/r_F$

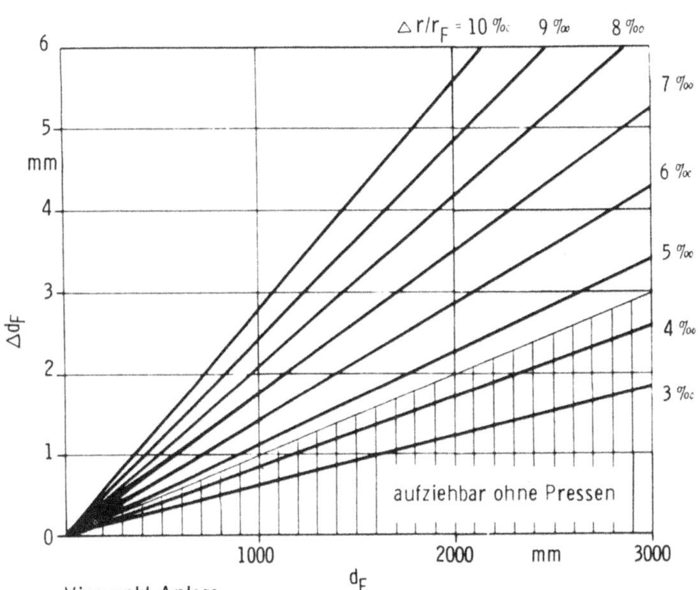

Vierpunkt-Anlage

Montagespiel 1 ‰
Aufweitung durch Erwärmung 2 ‰
Übermaß des Radkörpers 1 ‰

Abb. 24
Diagramm zur Ermittlung des Radiusverhältnisses $\Delta r/r_F$

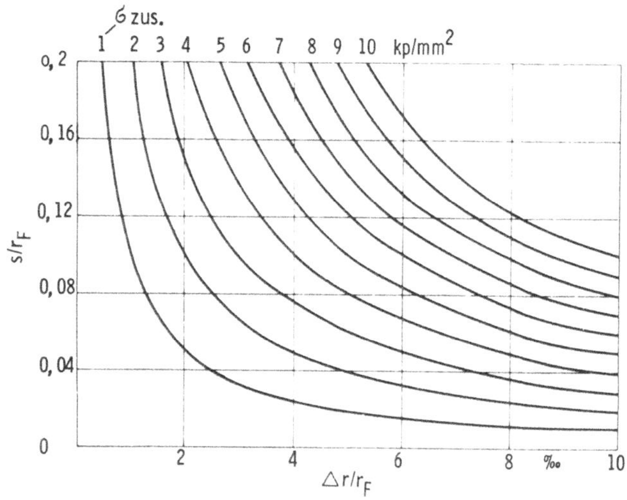

Abb. 25 Diagramm zur Ermittlung der Zusatzspannungen in unrunden Bandagen

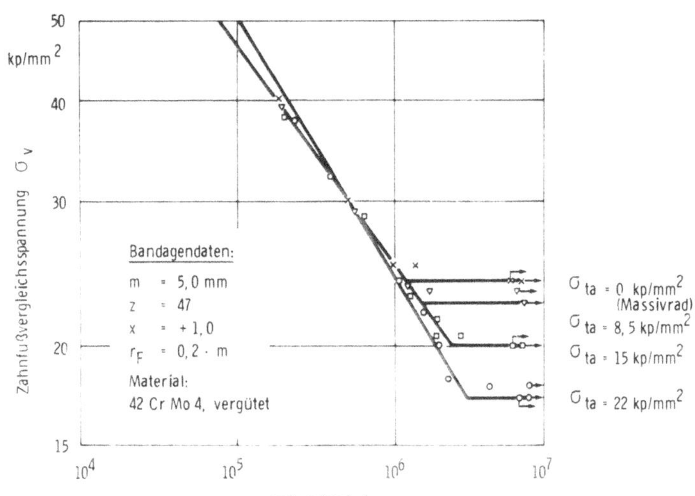

Abb. 26 Einfluß der Schrumpfspannung auf die Zahnfußtragfähigkeit

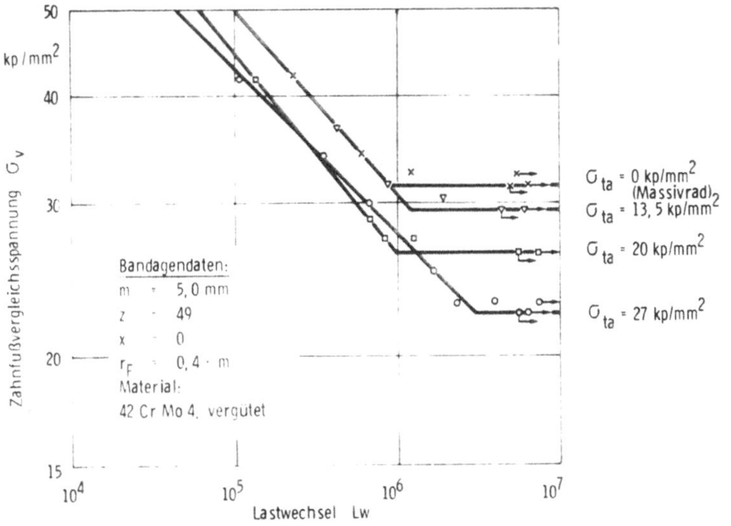

Abb. 27 Einfluß der Schrumpfspannung auf die Zahnfußtragfähigkeit

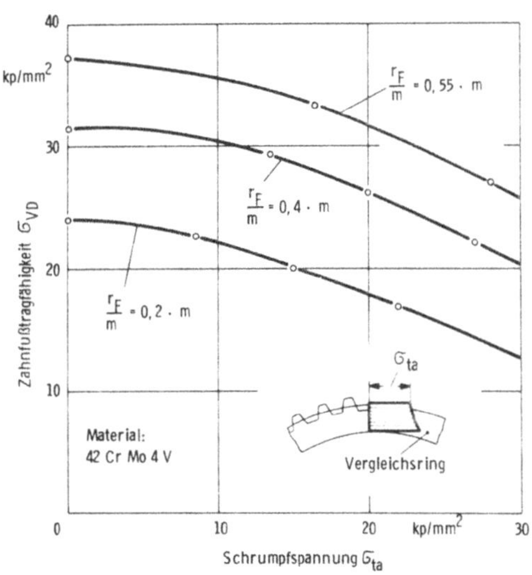

Abb. 28 Zahnfußtragfähigkeit bandagierter Zahnräder

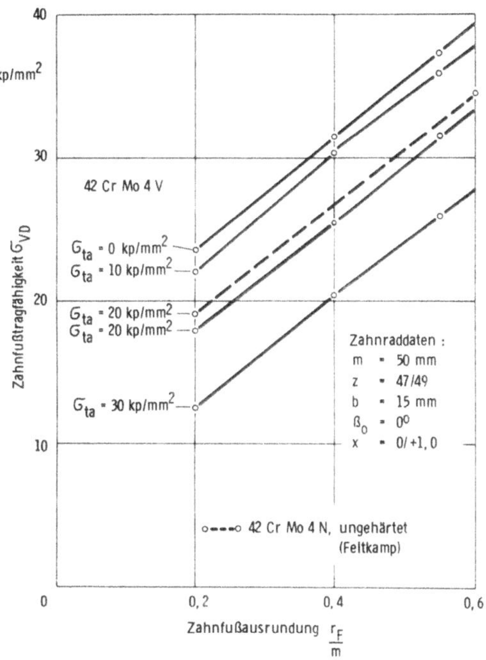

Abb. 29 Zahnfußtragfähigkeit bandagierter Zahnräder

Forschungsberichte des Landes Nordrhein-Westfalen

Herausgegeben im Auftrage des Ministerpräsidenten Heinz Kühn
vom Minister für Wissenschaft und Forschung Johannes Rau

Sachgruppenverzeichnis

Acetylen · Schweißtechnik
Acetylene · Welding gracitice
Acétylène · Technique du soudage
Acetileno · Técnica de la soldadura
Ацетилен и техника сварки

Arbeitswissenschaft
Labor science
Science du travail
Trabajo científico
Вопросы трудового процесса

Bau · Steine · Erden
Constructure · Construction material · Soilresearch
Construction · Matériaux de construction · Recherche souterraine
La construcción · Materiales de construcción · Reconocimiento del suelo
Строительство и строительные материалы

Bergbau
Mining
Exploitation des mines
Minería
Горное дело

Biologie
Biology
Biologie
Biologia
Биология

Chemie
Chemistry
Chimie
Quimica
Химия

Druck · Farbe · Papier · Photographie
Printing · Color · Paper · Photography
Imprimerie · Couleur · Papier · Photographie
Artes gráficas · Color · Papel · Fotografía
Типография · Краски · Бумага · Фотография

Eisenverarbeitende Industrie
Metal working industry
Industrie du fer
Industria del hierro
Металлообработывающая промышленность

Elektrotechnik · Optik
Electrotechnology · Optics
Electrotechnique · Optique
Electrotécnica · Optica
Электротехника и оптика

Energiewirtschaft
Power economy
Energie
Energía
Энергетическое хозяйство

Fahrzeugbau · Gasmotoren
Vehicle construction · Engines
Construction de véhicules · Moteurs
Construcción de vehículos · Motores
Производство транспортных средств

Fertigung
Fabrication
Fabrication
Fabricación
Производство

Funktechnik · Astronomie
Radio engineering · Astronomy
Radiotechnique · Astronomie
Radiotécnica · Astronomía
Радиотехника и астрономия

Gaswirtschaft
Gas economy
Gaz
Gas
Газовое хозяйство

Holzbearbeitung
Wood working
Travail du bois
Trabajo de la madera
Деревообработка

Hüttenwesen · Werkstoffkunde
Metallurgy · Materials research
Métallurgie · Matériaux
Metalurgia · Materiales
Металлургия и материаловедение

Kunststoffe
Plastics
Plastiques
Plásticos
Пластмассы

Luftfahrt · Flugwissenschaft
Aeronautics · Aviation
Aéronautique · Aviation
Aeronáutica · Aviación
Авиация

Luftreinhaltung
Air-cleaning
Purification de l'air
Purificación del aire
Очищение воздуха

Maschinenbau
Machinery
Construction mécanique
Construcción de máquinas
Машиностроительство

Mathematik
Mathematics
Mathématiques
Matemáticas
Математика

Medizin · Pharmakologie
Medicine · Pharmacology
Médecine · Pharmacologie
Medicina · Farmacología
Медицина и фармакология

NE-Metalle
Non-ferrous metal
Metal non ferreux
Metal no ferroso
Цветные металлы

Physik
Physics
Physique
Física
Физика

Rationalisierung
Rationalizing
Rationalisation
Racionalización
Рационализация

Schall · Ultraschall
Sound · Ultrasonics
Son · Ultra-son
Sonido · Ultrasónico
Звук и ультразвук

Schiffahrt
Navigation
Navigation
Navegación
Судоходство

Textilforschung
Textile research
Textiles
Textil
Вопросы текстильной промышленности

Turbinen
Turbines
Turbines
Turbinas
Турбины

Verkehr
Traffic
Trafic
Tráfico
Транспорт

Wirtschaftswissenschaften
Political economy
Economie politique
Ciencias económicas
Экономические науки

Einzelverzeichnis der Sachgruppen bitte anfordern

GPSR Compliance

The European Union's (EU) General Product Safety Regulation (GPSR) is a set of rules that requires consumer products to be safe and our obligations to ensure this.

If you have any concerns about our products, you can contact us on ProductSafety@springernature.com

In case Publisher is established outside the EU, the EU authorized representative is:

Springer Nature Customer Service Center GmbH
Europaplatz 3
69115 Heidelberg, Germany

Batch number: 10584556

Printed by Printforce, the Netherlands